C++不再难学

——随老鸟快速通关

管　皓　安志勇　编著

北京航空航天大学出版社

内 容 简 介

　　C++程序设计语言具有难学易用的特点。与市面上绝大多数讲解 C++的书籍不同,本书不是对零散知识点的堆砌,而是针对初学者的学习困难从"数据处理"的视角,总结出一套全新的 C++认知学习体系。在本书的知识架构中,C++的各知识点被有机地串联在一起,同时配以生动的比喻和说明,用极其浅显的表述使初学者能够以最快的速度入门。同时,本书将一个人工智能工程项目融入整个学习过程中。通过这个贯穿始终的小项目,可使读者深入理解如何在实践中使用 C++。为了增加实用性,书中还添加了许多重要知识点的提示或说明,并单独开辟出一章来讲解在 IT 行业招聘的笔试、面试中经常遇到的 C++问题。

　　本书内容新颖、架构清晰、讲解深入浅出,具有很高的实用价值,适合广大在校学生、IT 从业人员及编程爱好者使用。

图书在版编目(CIP)数据

　　C++不再难学 :随老鸟快速通关 / 管皓,安志勇编著. -- 北京 :北京航空航天大学出版社,2015.8
　　ISBN 978 - 7 - 5124 - 1867 - 7

　　Ⅰ. ①C… Ⅱ. ①管… ②安… Ⅲ. ①C 语言—程序设计 Ⅳ. ①TP312

　　中国版本图书馆 CIP 数据核字(2015)第 191758 号

C++不再难学——随老鸟快速通关

管　皓　安志勇　编著

责任编辑　刘亚军　朱锦秋　潘世琴

*

北京航空航天大学出版社出版发行

北京市海淀区学院路 37 号(邮编 100191)　http://www.buaapress.com.cn
发行部电话:(010)82317024　传真:(010)82328026
读者信箱:goodtextbook@126.com　邮购电话:(010)82316936
北京兴华昌盛印刷有限公司印装　各地书店经销

*

开本:787×1 092　1/16　印张:11.25　字数:303 千字
2015 年 9 月第 1 版　2015 年 9 月第 1 次印刷　印数:3 000 册
ISBN 978 - 7 - 5124 - 1867 - 7　定价:29.00 元

科技人生需要两种语言(序)

有人说,科技改变世界。实际上,是科技人员在改变世界。科技人员分为两类:科学家和工程师。前者主要从事理论研究,而后者主要从事应用研究和技术实现。作为一名从事科学研究或工程开发的人员,走科技路线的人生注定要与众不同。在这条通往与众不同的道路上,需要掌握两种语言作为打开胜利之门的钥匙。

第一种语言,是与人打交道的语言。因为只有善于与人沟通、合作,才能使团队的力量发挥到最大,从而做出大事业来。现在的 IT 行业不再处于单打独斗的年代了,比如今天的 Windows 操作系统,如果由一个人来开发,恐怕用一辈子的时间都难以完成。开发这样的大型软件,人与人之间的协作、沟通是重要的。与人打交道,并不仅限于本民族同胞,在很多时候需要国际化团队成员之间的交流。因此,掌握一门国际化的与人交流的语言是成功的重要因素。目前来看,英语是可起到这种作用的语言。因此,研究和开发人员,应该较好地掌握这门与地球人交流的语言。同时,汉语是世界上使用人数最多的语言,而我们的母语是汉语。在研究与开发中,我们更多的是使用汉语和同事交流。汉语虽是我们的母语,但也不见得就代表你"会说话"。懂得说话即交流技巧,是取得事业成功的一个重要因素。汉语,对于我们中国研究开发者而言,功夫在于掌握说话的方式与技巧。

第二种语言,是与计算机打交道的语言。目前我们所处的世界,需要人机结合才能发挥出更大的潜能。虽然计算机正变得越来越智能化,但是离真正像人与人那样交流还有太长的路要走。目前,我们必须掌握同计算机交流的语言,才能发挥出机器的能力,而掌握计算机编程语言是最直接的途径。

最直接与计算机交流的语言是机器语言。这里的计算机语言指的是高级语言。

本书就为大家讲授一门可以同计算机有效交流的语言——C++。这门语言源自 C 语言,偏向底层化。读者通过学习 C++语言,可以更加深切地理解计算机的特质,从而与它更好地交流。

长久以来,C++作为软件开发的王牌语言,一直吸引着大批学习者。高校的计算机系一般都开设 C++课程。由此可见,C++无论是在工业界,还是在学术界,都有着重要的地位。但一个令人不够愉快的事实是:学习 C++是一项困难的任务,教材虽多,如漫天星斗,但却令人茫然不知所措,许多学习 C++编程的朋友苦恼于难以找到一本既通俗易懂又实用高效的 C++教材。

如何更快地掌握 C++呢? 语言的学习真那么难吗?

掌握某一门计算机语言是软件开发人员的看家本领。无论你学的是 C++、Java、C#这样的通用编程语言,或是 PHP、JavaScript 等网站开发脚本语言,还是 SQL、Python、FORTRAN等,对于自己业务领域内的各种核心开发语言都要做到熟练甚至精通,才能在竞争激烈的社会中占有一席之地。如果哪门语言都会一点儿,但哪门都不深入,那你只能纸上谈兵了,自身的价值将大打折扣。

本书的主角 C++,是一门出了名复杂难学的编程语言。听到过这样的说法,如果没学过七八年的 C++，很难真正地学好它。这样的说法在今天这样一个崇尚快节奏的社会无疑会吓跑很多人。即使拿出"学习还是要脚踏实地"的道德口号来劝慰，拿出"C++是最为强大高效的语言"的宣传来说服，恐怕还是会让不少人望而却步。笔者记得曾经旁听过某大学一位老师讲的.NET的课程。这位老师对于 C# 掌握得很好，但对于 C++，他给出的评语是"这语言号称是最复杂的语言"，这是否也是他转而研究.NET 的原因呢？

对于编程语言，笔者认为，语言就是一门工具而已，学它是为了使用的。C++本身比较复杂，但我们需要用一种简单的态度来对待它。例如，对于不常用、不好用的特性不必费太多精力去"研究"它，而是抓住它的精髓并能迅速解决自己的问题即可。本书就是作者通过创新性的思考而完成的。

创新性体现在什么地方呢？

市面上关于 C++的书实在是太多了，真可谓汗牛充栋。有些书让人感觉 C++的知识点无限庞杂，而一些经典的国外教材，光是厚度就会让人望而却步，又有几个人有毅力完全把它啃下来呢？许多买下来的学生，早早就把这大部头当作摆设和心理慰藉了。看看其他书，无非都是在拼凑知识点而已，至多在某一个点上多展开了一些。

任何一门知识，都应该是一个整体。如果找到一个内在的灵魂将内容串起来，那么无疑对于学习者会有很大的帮助。人的认知具有系统性，正如钱学森先生所讲：综合集成。零散的、拼凑的东西是不利于人的认知的。笔者的第一本书《别样诠释——一个 Visual C++老鸟的 10 年学习与开发心得》就是在这样的指导思想下完成的。全书以"信息"为主线，将 Visual C++的各个知识点有机地串联起来，得到了很多读者的积极反馈，认为"很有新意"。其实，这个"新意"就在于其内在知识的有机串联。现在编写本书，笔者同样是怀着"整体"的指导思想来组织写作的。

没有新意的书，无非是在给图书市场添累赘，写它有什么用呢？如果仅仅罗列一下知识点，那比起经典的国外教材来，又有什么优势呢？如果一本书既没有新意也无优势，注定会是失败的作品。

本书的编写贯彻了如下指导思想：

① C++只是个工具，没必要弄得那么复杂，要把学习它的速度尽量加快。最重要的是抓住对自己最有用的东西。比较少用的东西就不罗列了，想了解可以去翻翻那些"大砖头"。

② 要有一个整体性的思想将 C++的学习串起来，让读者感到 C++的学习是"一整块儿"，而不是"一块儿一块儿"的。人们对于整体性的东西，理解和记忆都是比较深刻的。

本书的编写从一个核心概念入手，这个核心概念就是"数据处理"。数据就是信息。数据首先刻画了人们对于要处理的问题的抽象，并将它映射到计算机中；然后通过函数，组成对数据处理的基层单元；而后在函数的基础上，再进行一次封装，将功能相近的函数组成更大的处理单元——类；在类的基础上，又可以将相关的类组成类库。通过这样一条线索，我们就把 C++的体系完全串起来了，如图 1 所示。抓住这个主线之后，读者就可以在细枝末节上进行深入的学习了。一般的做法是，在实际中碰到了，就深入到相关主题进行研究，对于较少或从未碰到的知识点，暂时不去管它。工具就是工具，不要把它当作智慧来追求。这就是本书的哲学。

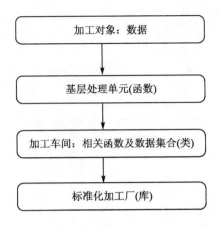

图 1

语言像把钥匙,可以打开思想殿堂的大门,有了思想,人生会更加出彩。现在,就让本书带您尽快找寻到那把您所需要的金钥匙吧。

如果您在学习的过程中碰到任何问题,可通过邮件(wudiguanhao001@163.com)与作者联系,也可以登录作者的博客(blog.sina.com.cn/guanhao001),获取相关信息。

前　　言

C++是一门非常重要的计算机编程语言。无论是在科研领域,还是在工业界,C++都具有举足轻重的地位。正因为如此,广大的理工科各专业学生及IT从业人员都迫切希望掌握C++编程。但遗憾的是,C++语言的学习并不容易。较之于其他编程语言,掌握C++需要花费更多的气力。许多初学者因此望而生畏,中途放弃C++的学习。

本书的创作初衷是为读者奉上一本能够使其C++学习之旅更加轻松、高效、有趣的读物。笔者在多年C++学习和编程实践的基础上,从一种全新的视角讲解C++。

具体而言,本书的特色在于:

(1)摒弃了知识点的简单罗列,而是通过“信息加工”这一主线将整个C++的知识体系串在一起。从“加工对象”讲起,然后按照“加工单元”的层次一步步地将C++的内容展开。通过这样的方式,读者会感受到C++是一个有机的整体,对相关知识的来龙去脉,也会有全新的认识。

(2)全书以一个“高考专业报考专家系统”作为贯通始终的案例,通过与每一章内容的结合,读者可以更加深刻地理解和掌握如何运用所学的C++知识。与此同时,读者还可以学到一些人工智能方面的小知识。

(3)为了突出实用性,书中介绍了大量的现实中IT公司在员工招聘时所采用的C++笔试、面试题目。其中的一些知识点放在了每一章的重点提示中,另外还单独开辟出一章用来讲解IT公司经常考查的C++题目。同时,开辟出一章内容讲解编程学习的方法。希望这些经验能够对读者的学习有所帮助。

(4)为了增加趣味性,每章后面都附有一节IT小知识。全书的行文风格力求做到简洁、生动,让读者阅读起来感觉亲切自然。

总之,全书是在求新求变的指导思想下创作完成的,相信读者能够在阅读的过程中体会得到。

本书第8～10三章由安志勇编写,其余各章由管皓编写。

感谢中国科学院研究生院杨力祥老师在C++开发方面的指点;感谢中国科学院自动化研究所胡包钢教授在人工智能方面给予的启蒙与鼓励;感谢家人在本书创作过程中给予的鼓励与支持;感谢北京航空航天大学出版社对本书创作的支持。

由于水平有限,书中不足之处,欢迎读者批评指正。

您可以登录作者博客blog.sina.com.cn/guanhao001,下载源代码、给作者留言和查看关于本书的最新消息。您也可发送电子邮件至wudiguanhao001@163.com同作者直接联系,作者承诺将认真回答您关于本书的任何问题。

管　皓　安志勇

2015年7月

目　　录

第 1 章

高屋建瓴:C++,我来啦

1.1 IT时代我登场——软件创造者

记得笔者在读高中时——2000年左右,正好是世纪之交,人们都为即将迈入21世纪而感到兴奋,纷纷畅想未来的美好生活。正如春晚上的著名诗句:

"改革春风吹满地,中国人民真争气;齐心合力跨世纪,一场大水没咋地。"

"我先畅想呗。我都畅想好了,我是生在旧社会,长在红旗下,走在春风里,准备跨世纪。想过去,看今朝,我此起彼伏……"

白云和黑土两位名人的诗句表达了民意,一些科学家也不禁纷纷预测未来。例如,有科学家预言:21世纪是生物学的世纪。历史的车轮转瞬走过了10多年。到今天为止,生物学取得了巨大成就,但还不能称我们的时代全然是"生物学时代",而真正使寻常百姓感到日常生活发生翻天覆地变化的是IT技术。虽然IT业曾经历过低谷,甚至有人悲观地认为搞计算机、弄IT会没有出路,但到今天为止,没有人会再对IT技术对时代的影响有丝毫的怀疑。目前,智能手机基本成了人们生活的必需品,各种软件应用已经不是什么高大上的阳春白雪,而是任何层面的人群都能尽享其乐的大众产品。总而言之,现今人们的吃、穿、住、用、行、讯、医、娱,无不深受IT技术的影响。这些影响是巨大而深远的,从基本的生活需求乃至思想伦理,都无不浸润着IT技术的影响。到如今,随着以智能终端、云计算、物联网、大数据等先进IT技术的发展(见图1-1),人们的生活朝着快捷化、智能化的方向迈出了更大的步伐。已经跨过21世纪第一个10年的我们,正处于一个恢宏的"IT时代"!

时代为每个人的自我实现提供了舞台。谁不想在一个大的舞台上展现自己呢?既然我们正处于一个日新月异的IT时代,那我们应该如何作为呢?

IT技术五花八门,难以类聚,但总体来说可以分为偏硬和偏软两个方面。偏硬的方面好比人的肌肉骨骼,是基础;偏软的方面则好比人的思想和灵魂。显然,在以计算机技术为核心的IT技术范畴内,软件技术是最为核心的。硬件的生产可以通过机械化作业进行流水线生产,而软件则不行,它更多依靠的是人的知识与创造力。因此,软件的生产是一项智力密集型活动。

在今天,软件的范畴大大扩展。我们日常所听到的"应用""服务"都是软件在新时代的称谓。由此可见,软件已经从过去只有高学历人群才摆弄的玩意儿变成了寻常百姓的日常生活用品了。只要人们有需求,就会有相应的软件出现来满足,无论是以移动应用的形式还是桌面的形式。在这形形色色的软件背后,就是IT时代真正的英雄——软件创造者们。他们以自己的知识与技能为依托,以人们的需求为导向,不断地生产着五花八门的软件,从而使人们的生活更加丰富多彩。很多软件创造者将自己的作品不断完善,最终变成了产品,从而走上了创业之路。读者朋友们,如果你有好的创意,好的技术,说不定你也可以白手起家,成为一代IT豪杰。如图1-2所示,绚烂的舞台正在迎接你呢。

工欲善其事,必先利其器。画家创作画作,需要彩笔;乐师创作歌曲,需要乐器。一个软件创

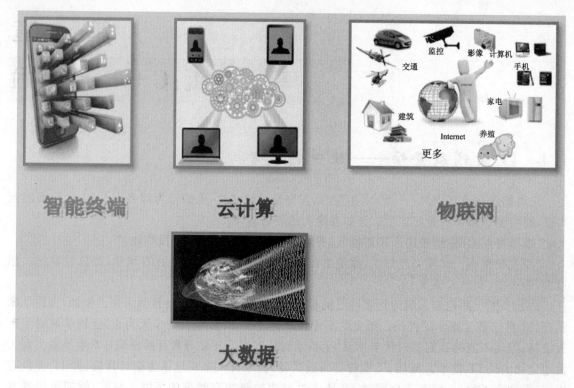

图1-1　人类正处在一个恢宏的 IT 时代

造者,需要编程工具来创造自己的软件作品。工具只是实现自己创造目的的一种必要手段,在精而不在多。伟大的音乐家也不是精通所有的乐器,有一件或两件能充分表达自己创作需求的即可。因此,无论你是学习 C++语言、Java 语言,还是其他什么编程语言,关键在于能用它充分表达自己要实现的功能,如果你学会了用 C++实现屏幕输出"Hello,world!",而后又忙不迭地去学 Java,同样也学会输出"Hello,world!"……最后你可以用十种语言实现十个版本的"Hello,world!"你可以兴高采烈地自豪于自己会了十种语言,可到头来这对你真正能搭建完整的软件系统又有什么帮助呢?

图1-2　IT 时代谁登场?

　　一些人在工具的学习上花费太多时间,以致到后来,连他自己也模糊了到底是为了创造软件而学习计算机编程语言,还是为了学习语言而学习语言。在细枝末节上花费过多的时间是很没有效率的。最好的学习方式是:先掌握大体轮廓,而后在应用中逐步深入细节。

　　本书的目的,就是为广大将要从事或正在从事软件创造的朋友们奉献一本有趣的工具说明。在这里,我们聚焦的这个工具就是 C++编程语言。我们的期望是,通过本书能使更多的人掌握这件利器,从而更快地登上我们这个 IT 时代的舞台,成为伟大的软件创造者。

1.2 软件开发这点事儿

好了，有了上一节中的激励，你可能跃跃欲试，想成为一名 IT 时代的主旋律参与者。雄心已定，那么下一步怎么走呢？显然，首先需要学习一门编程语言。这个是基本功。比如微软公司的面试，一般技术型的职位都要考查编程能力，这足以说明程序编写是一位软件从业人员的"底蕴"。

掌握编程语言以后，还有很长的路要走，因为现代的 IT 项目已经绝非写写代码那么简单了，而是要走一个完整的工程化的流程，这一点，和盖房子、修大桥那样的工程没什么两样，所以我们就直观地称其为"软件工程"了。图 1-3 所示就是一个基本的软件工程的流程。从中可见，我们现在学习 C＋＋语言，是为了在代码实现环节发光发热。

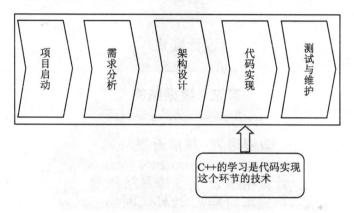

图 1-3 软件开发的周期和基本过程

当你能够熟练地使用一门编程语言后，那么紧接着你就需要对于软件的设计方法进行更多地关注。在这个阶段，你其实在经历从"程序员"到"软件设计师"的提升。对于常用设计模式的理解和掌握，是通向更高层次的阶梯。这些设计方法就是你进行软件创造的"套路"，正所谓"没有规矩，不成方圆"。

当然，学习编程语言的朋友们，不一定都是为了做产品，比如很多从事科学研究的朋友，需要编写程序进行自己专业的研究和相关试验。这些人可能来自不同的专业，具有不同的背景，他们需要利用计算机程序来解决其学科内的问题。笔者见过不少同学，尽管他们所学的专业各不相同——有学力学的、微电子的，也有学化学的，还有学天文的、地理遥感的，等等，但他们都能非常熟练地编写计算机程序，有些还达到了高手的水准，而不逊于计算机专业的同学。对于这些朋友而言，对软件工程不需要了解太多，更多的是深入了解所要学的编程语言，力求达到熟练甚至精通的地步，从而使编程语言成为其进行自己本行业工作的得力助手。

1.3 如何成为一名优秀的软件工程师

1.3.1 知识结构——学这些东西会更快入门

上文提到，如果想成为一名 IT 从业者，仅仅掌握一门编程语言是远远不够的。一名优秀的计算机软件工程师需要具有合理的知识结构。高校的毕业生以及试图在 IT 界发展的人在找工作面试的时候，会遇到形形色色的问题，这些问题体现了 IT 公司对于软件人才知识结构的要求，也是一种提示，告知那些想从事这一行的人们，应该学些什么，在哪些方面多下些功夫。其实，在从事软件开发的人员队伍中，很多都不是计算机专业出身，但是他们依然能够开发出很出色的软件。对于非计算机专业出身的人，在踏入行业之前，认认真真地把自身的知识结构完善好，是头等重要的事。计算机专业的课程设置，往往是对于软件研究开发人员知识结构的一个很好的提示，但是由于学校与工业界存在一定脱节，难免存在知识的冗余或不足。因此，一个精炼实用的知识结构与学习计划，对于想迅速成为一名软件工程师的人而言，是很有用的。

图 1-4 所示是笔者总结的一个软件工程师的知识结构图。希望对于想更快成为一名软件开发工程师的朋友们起到借鉴与参考作用。

图 1-4　软件开发人员的知识结构

哇，这么多啊？这得学多久啊？

不要急，下面就来解释一下。

按图 1-4 中的提示把知识结构完善好，作为一个软件开发工程师就合格了。对于这个知识结构图的学习而言，不同的人切入点不一样。计算机专业的学生一般是从基本理论开始学起，他们甚至还要学习离散数学、编译原理等理论性很强的内容。但是对于其他专业的学生或工作人员，他们的主要目的是应用开发，即利用软件技术尽快解决自己领域内的问题，所以一般从编程语言开始学习，同时在学习的过程中加强相关知识的补充，尤其是数据结构、算法分析与设计等。这样会使自己的学习更具针对性，能够尽快地上手。

对于考研的同学而言，学好基础理论是必需的。目前，计算机体系结构、数据结构、操作系统、计算机网络是计算机联考的科目，而数据库则是很多信息系统与工程专业要考的专业课。这些科目对于无论是从事计算机工程还是科研的人都是必备的基础知识。

对于找工作的朋友，计算机语言、数据结构与算法、设计模式无疑是需要重中之重掌握的内容，因为这些是 IT 公司笔试、面试最常考到的内容。对于这类朋友，应当把自己的主要精力放在这几个方面的准备上。

对于已经开始从事软件开发的朋友而言，作为职业规划，可以从两个方向去发展：

① 技术方向。可以沿着"编程技术—测试技术—设计技术—需求分析—架构技术"这条线逐步成为公司的技术负责人，直至首席技术官（CTO）。

② 管理方向。可以在技术出色并熟悉公司业务的基础上,成为项目经理,而后随着带项目能力的提升,逐步成为项目总监、技术副总直至总经理。

上面两个方向都需要较好的技术能力。另外,还可以转向 IT 技术咨询,或者是技术型销售。

当然,为了实现自己的职业理想,需要你去读很多技术书籍。然而,本书并非百科全书,主旨还是扎根于最基础的编程语言这个环节。

对于大多数编程学习者来说,利用编程语言写一个"Hello, world!"是自己编程的起点,也是理论应用于实践的开端。因此,编程语言是连接理论与实践的桥梁。架好这座桥梁,可以让自己走在光明的大道上。在掌握了基本知识后,多参加一些项目,无论是正式的还是业余兴趣,都会加深对于知识的掌握,而且随着经验的积累,在项目中可以提取出共性的东西,进而形成自己的函数库、类库和解决方案。这样,无疑对于自身身价的提升是会有很大帮助的。

本书的目标和定位主要是:

① 对于迫切希望学习编程的朋友,能够使其以尽可能快的速度入门并打下进一步提升开发实力的基础。

② 已经学过一点 C++并且基本入门的朋友,可以从本书汲取更多的养料,来进一步提升自己对 C++的理解程度。

通过本书的学习,读者朋友可以更快地踏上 C++编程的道路,继而为进一步学习其他 IT 知识打下牢固的基础,扫清学习障碍,如图 1-5 所示。

图 1-5　本书会帮助读者朋友更快跨越学习 C++的障碍

1.3.2　自我修炼的四大途径

对于非计算机专业的朋友,往往存在两类人群:

一类朋友在自己的专业中,需要编制软件,比如你是一位学习机电控制的朋友,往往需要用 C++编写上位机控制程序。此时,熟练掌握一门编程语言,如 C++即可。

还有一类朋友,非常想深入学习计算机相关知识,例如想考取计算机专业的研究生,或进入计算机行业工作。对于这类朋友,需要走一条自学之路,这并不容易。这里我们给大家提供几种方法,可以帮助你们更快走向成功:

(1) 参考名校计算机系的课程

这些信息都是公开的,大家可以登录相应大学计算机系的网站上查询。当然,课程是很多的,但主要抓住专业必修课就可以了,在精力允许的情况下再逐步拓宽些知识。须要注意的是:无论如何,熟练掌握一门编程语言(C++),熟悉数据结构和算法,是最重要的基础,只有非常熟练地掌握了这三样,学习计算机才有真正的底气。图1-6所示是清华大学计算机系的培养方案。

图1-6　清华大学计算机系的培养方案是自学计算机的一种指导性规划

(2)在线课堂、在线教学、免费公开课

目前,在线教育正在飞速发展。网上也有非常多的免费公开课,包括斯坦福大学、麻省理工学院等世界知名大学都有计算机方面的免费公开课。这样,你足不出户,就可以获得世界最好的大学所教授的知识。这是多么美好的事情啊!希望每一位渴求知识的朋友,充分利用好这项资源,不管你是学习计算机还是其他知识。图1-7所示是网易的公开课频道。

图1-7　著名网站的公开课频道

(3)参加一项IT认证考试

在考试的过程中,由于存在一定的压力,会使学习更加认真;同时一些综合性强的认证考试,其考试范围涵盖比较全面和实用的知识和技能。这里推荐全国计算机软件水平考试,俗称“软考”。这项考试分为初、中、高三个级别,每年举办两次考试。如果你刚起步,可以从最初级的“程序员”级别考起,而后再向“软件工程师”“软件架构师”迈进,在此过程中可以体验逐渐提高的进步感和成就感。当然,一些著名的IT企业,比如微软、思科、甲骨文等都有相应的IT认证,这些认证的含金量比较高,但价格也不菲,费用比软考要高不少。图1-8所示是中国软考证书。

(4)参加IT短期速成培训

如果想尽快获取更加直接的IT技能,可以参加一些IT短期速成培训。这些培训往往是面

图 1-8 软考证书，自学与获证一举两得

向就业的，因此可以从中学到一些比较实用的、时髦的 IT 技术。当然，参加培训班需要在经济条件不是很紧张的情况下，尽量挑选一些性价比高的。学院里的知识往往理论性较强，而这些培训则更加切合实际应用，如图 1-9 所示。

尽管如此，还是要提醒读者：切记，理论也是非常重要的，因为它是你迈向更高层次的阶梯。

图 1-9 在财力允许的情况下，参加一些 IT 培训

1.4 兵器谱里挑兵器——找寻适合你的编程语言

到这里，想必你决心已定，发誓练就计算机编程的绝世武功，从而在 IT 江湖里功成名就、扬名立万，但你最好不要赤手空拳打天下。因为，如果你想赤手空拳，那就得去好好研究研究汇编语言和机器语言了，我估计你还不想上来就遭到当头一棒，从而信心受损，退出武林。

既然不能赤手空拳，那么紧接着你会面临着和当年孙悟空学艺时所遇到的同样的一个问题：该挑选一件什么样的兵器？如图 1-10 所示。

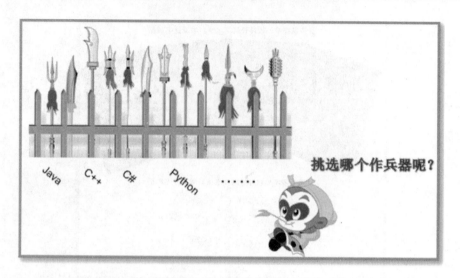

图 1-10   挑选一件趁手的兵器会让你如虎添翼，这正如选择一门适合你的编程语言一样

在计算机开始飞速发展的早期，比如 20 世纪八九十年代，计算机编程语言的种类还不是很多。那时候也没有现在这么便捷的集成开发环境（如微软公司的 Visual Studio），编制程序的人往往需要对计算机的工作原理相当熟悉，那时候的语言不是"以人为本"的，而是"以机器为本"的，人往往需要将就机器，而为了节省那么一点儿可怜的内存，耗费心神编制出的高效的、省内存的程序但却往往是不容易被读懂的。

时光如水，岁月如歌。转眼到了今天，IT 技术可谓枝繁叶茂，如参天大树般给人类社会带来生机和清爽。作为用于 IT 产品创造的基础性工具，计算机编程语言及开发工具更是五花八门，可谓是"八仙过海，各显神通"，而且向着越来越便捷化、人性化发展，努力做到"以人为本"。

因此，作为 IT 新军的你，想闯荡 IT 江湖，碰到的问题是：这么多语言，我该选择哪一样呢？

一个基本的事实是：**没有最好的语言，只有最适合你的语言**。选择什么语言作为自己的开发工具，需要根据自己所从事的具体领域来确定。

这里为朋友们奉献一份编程语言的"兵器谱"——编程语言排行榜。

表 1-1 是本书截稿时的 TIOBE 世界编程语言排行榜。这份编程语言排行榜一直都是最权威的，它反映了世界范围内的软件开发者们所使用的编程语言的分布情况，可以算是编程语言的"热度"指示器。须要指出的是：某种语言排名靠前，并不是说它就比排在后面的语言"好"，只是说明它的使用人数相对较多。

当然啦，使用人数多，人气旺，自然会带动很多新入门的人。这就跟去餐馆吃饭一样，哪家人多去哪家——我们要"相信群众"。

表 1-1   世界编程语言排行榜

Position Apr 2013	Position Apr 2012	Delta in Position	Programming Language	Ratings Apr 2013	Delta Apr 2012	Status
1	1		C	17.862%	+0.31%	A
2	2		Java	17.681%	+0.65%	A
3	3		C++	9.714%	+0.82%	A
4	4		Objective-C	9.598%	+1.36%	A

续表 1－1

Position Apr 2013	Position Apr 2012	Delta in Position	Programming Language	Ratings Apr 2013	Delta Apr 2012	Status
5	5		C#	6.150%	−1.20%	A
6	6		PHP	5.428%	+0.14%	A
7	7		(Visual)Basic	4.699%	−0.26%	A
8	8		Python	4.442%	+0.78%	A
9	10	↑	Perl	2.335%	−0.05%	A
10	11	↑	Ruby	1.972%	+0.46%	A
11	9	↓↓	JavaScript	1.509%	−1.37%	A
12	14	↑↑	Visual Basic. NET	1.095%	+0.12%	A
13	15	↑↑	Lisp	0.905%	−0.05%	A
14	16	↑↑	Pascal	0.887%	+0.07%	A
15	13	↓↓	Delphi/Object Pascal	0.840%	−0.53%	A
16	32	↑↑↑↑↑↑↑↑↑	Bash	0.840%	+0.47%	A
17	18	↑	Transact−SQL	0.723%	−0.04%	A
18	12	↓↓↓↓↓↓	PL/SQL	0.715%	−0.66%	A
19	24	↑↑↑↑↑	Assembly	0.710%	+0.24%	A－－
20	21	↑	Lua	0.650%	+0.08%	B

　　尽管榜单中语言众多，但也并不是彼此独立的，比如 C♯、Visual Basic、Visual Basic. NET 都是微软派的。

　　得益于苹果在移动时代崛起，其开发平台上的 Objective－C 语言作为新生代力量迅速崛起，是上升势头很猛的一种编程语言。

　　Java 的大名在 IT 圈尽人皆知，曾有一段时间长期占据排行榜头名。在企业信息化等领域，Java 是主打语言。现在随着移动时代的两强争霸局面的形成，Java 又作为安卓（Android）平台上的开发语言而有了更多的用武之地。

　　虽然经常有变动，但长期以来 C 系语言一直都是最稳定的王牌语言。其实，像 Java、C♯这些语言以及 Objective－C 这样的新星，都可以算是 C 与 C＋＋的后辈晚生。"天下武功出少林"，对于软件研发来说，"天下语言出 C/C＋＋"（尽管略显夸张但也不过分），所以说 C/C＋＋是软件开发的正宗语言。

　　尽管门派众多，强手如林，又有后起之秀的不断涌现，但"天下武功出少林"，下面就得介绍我们的主角 C＋＋了。

　　C＋＋和 C 语言是宗亲的关系，可以合称为"C 系语言"。就这个概念而言，C 系语言一直都是编程语言的 No. 1（加在一起的用户比例最大）。

　　C＋＋和 C 都来自著名的贝尔实验室。C 语言早在 20 世纪 70 年代即被发明出来了，因被用于大名鼎鼎的 UNIX 操作系统的开发而闻名于世，奠定了计算机语言王者的地位，几十年来无可动摇。随着面向对象技术的兴起，80 年代贝尔实验室在 C 语言的基础上发明了 C＋＋语言。

1.5　C++是谁的菜

好啦,估计你通过上面的一番兵器挑选,最后选定 C++了。此时你心里可能还有些迫切想知道的东西,那就是:C++到底都有哪些"杀伤力"呢?为什么多年屹立于世界编程语言之林而不倒?

语言的用途关系到学习者的"钱途"。假如一门语言没有"钱途"又难学,那学它有什么用呢?那么,熟练掌握 C++能给学习者带来什么样的"钱途"和好处呢?

1. 用的人多

首先问你一个问题:你为什么花费大量时间和金钱来学习英语呢?

这还用问?!英语使用的人多,使用得广泛呗!

虽然这个理由显得有点肤浅,但没办法,学语言就跟去饭馆吃饭一样儿,哪家人多去哪家,要相信群众。

使用 C++的人太多了,遍布各个行业,无论是高校和科研院所这类学术机构,还是 IT 公司及其他工业部门,到处都可以看到 C++的身影。作为老牌的王牌语言,C++积累下了非常多的优秀代码,这些都是软件学习者的宝贵财富。正因为有如此广泛的群众基础,才使得 C++有了巨大的影响力。

2. 让你练就软件开发的真功夫

对于身处高校的学子,C++语言程序设计几乎是一门必修的课程。由于 C++是兼具面向过程和面向对象特点的混合语言,它使学习者既可以更加深刻地理解数据结构与算法设计,又可以领略面向对象设计方法的魅力。因此,C++学得好的人,往往对于软件的理解更加深刻,基本功更加扎实,这一点是那些仅仅会用"傻瓜式编程语言"的人无法比拟的。也许你常听到一些人云亦云的说法,诸如 C++难学、指针复杂等。其实,发表这些评论的人未必深入学习过 C++,不见得是 C++方面的行家。任何事情都是辩证的,不太容易掌握的东西是因为学习者需要了解更多的细节,而一旦较全面地掌握了,就会有真正行家般的自信。然而,自信往往是吃苦换来的。只有肯吃苦,才能学到真功夫,如图 1-11 所示。

图 1-11　C++语言可以让你练就软件开发的"真功夫"

其实,就语言学习本身而言,学习 C++的过程是一项非常有益的锻炼。C++语言较之于 Java、C#、Python 等语言,学习难度更大一些(其实也不是难很多)。Java、C#等语言主要用来更加快速地构建应用系统,因此设计开发人员可以把更多的精力放在系统分析与设计方面,对于底层细节(尤其是对于入门的人员)并不用特别关心。而学习 C++则要适当地了解一些内存分配等问题,同时泛型编程等抽象概念也不易掌握。如果学过 C++语言,那么再学习其他语言,几乎可以很轻松地完成。目前,C++方面的高手越来越少了,物以稀为贵,在那种傻瓜式编程语言使用者成堆的今天,一个 C++高手的身价必然水涨船高。

3. 受工业界欢迎

工业界是最广大人民的就业去处，它们是最讲求实效的，因为要切切实实创造出性能优异的产品才能占领市场、赢得客户。纸上谈兵的东西在工业界是站不住脚的。

C++作为一种通用的高级语言，继承自C语言，而C语言原本是用来开发UNIX操作系统的。底层化、高效率是C系语言的共同特点。因此，运行效率和速度就是C++的品牌。它既有高级语言的特点，也具有汇编语言的优点。在需要同硬件打交道以及需要流畅的运行速度的场合，都是C++大显身手之处。这一点，其他语言无可匹敌。微软公司曾经妄图以C#代替C++开发其操作系统模块，结果当然是：失败！再比如，一个内核用C++开发的Office和一个用Java开发的Office，你倾向于用哪一个？无疑是前者。

正因为C++语言的高效率，许多IT系统的关键模块都用它开发，它以自己的实力得到了工业的信赖，受到它们的欢迎。因此掌握好C++，就等于为职业发展提供了一项强有力的技能保障。

为了给读者更多的感性认识，这里列举几个C++典型的应用场合。通过这些应用场合，读者可以更加切实地体验到C++语言的特点。

（1）工业控制

工业控制、嵌入式系统等行业，需要与硬件打交道。这种场合下，C++绝对是上佳的选择。工业控制领域广泛使用的OPC协议，使用C++语言非常高效，是钦定语言。中国是制造业大国，有很大的潜力。相信，随着信息化向工业的进一步深入，在此类行业中，工业控制软件人才必然会十分紧缺，身价也会不菲。此时，如果你已经熟悉了控制理论和PLC相关技术，假如又具备了出色的C++开发能力，那么你必将是非常抢手的人才。图1-12所示就是常用的工控设备与其上搭载的基于C++的工业控制软件。

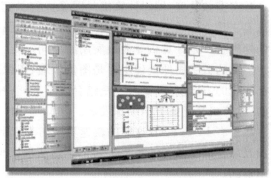

图1-12　C++语言在工业控制领域具有重要用途

（2）游戏开发

游戏行业是利润很高的行业，因为固定资产投入并不十分巨大。最大的投入就是智力资源上的投入，也就是研发人员（当然包括策划、美工等）的实力。目前火热的网络游戏开发一般分为客户端和服务器端。客户端是普通玩家最为直观接触的部分，各式各样的虚拟人物，变化万千的场景，这些都涉及图形图像的编程控制。在软件领域，游戏引擎成为重要的游戏基础软件而受到重视，国外的一些公司以出售游戏引擎来赚取利润。游戏的运行需要的是流畅与高效，无论游戏是大还是小皆是如此，因此一般由C++配合以一些脚本语言（如Python或Lua）进行开发。

如果你是一个特别爱玩游戏的大学生，特别痴迷游戏，别人如果指责你"堕落"，你不如学一学 C++游戏开发,继而深入研究计算机图形学理论与技术。这样,说不定你会以游戏为职业,不仅玩游戏而且开发游戏,甚至做游戏方面的创业者,真正的"游戏"人生,最终逆袭为一代游戏豪杰。

图 1-13 所示是基于 C++开发的游戏。

图 1-13　C++在有趣的游戏开发中占据绝对主力地位

（3）数字图像处理

数字图像处理就是利用计算机对图像信息进行加工以满足人的视觉与心理或者应用需求的行为。21 世纪是一个充满信息的时代,图像作为人类感知世界的视觉基础,是人类获取信息、表达信息和传递信息的重要手段,正所谓一图胜千言。现在这个飞速发展的互联网时代,有谁愿意读大段的文字呢,简洁轻松的图像和视频才是网民的最爱。互联网时代呼唤更快更强的图像处理技术。

数字图像处理,即用计算机对图像进行处理,是当今 IT 领域炙手可热的技术,在工业界的用途实在是太广泛了,已经深入地应用于国计民生休戚相关的各个领域。可以不夸张地说,数字图像处理技术是计算机专业最实用的方向之一。

经典的数字图像处理主要是图像压缩、图像变换、图像去噪等。当今的数字图像处理向着更加智能化的方向发展,并且广泛结合人工智能中的模式识别技术,向着智能图像分析、图像内容理解、计算机视觉等方向纵深发展。

尽管有 MATLAB 这样的快速算法仿真工具,但是到了工业界做产品的时候,C++才是真正担当重任的主角。如果想进入工业界从事图像处理软件开发,仅仅会 MATLAB 这样的工具是不够的。

图 1-14 所示是常用的数字图像处理软件,C++的速度优势使其在此类开发中独占鳌头。

（4）驱动程序与内核

计算机的能力要靠越来越多的外部设备来体现。出售硬件的公司只卖一个硬邦邦的设备是不行的,必须要有针对特定计算机与操作系统的设备驱动程序。比如你买了一台打印机,必需一个随机赠送的驱动安装光盘,否则没法使用该设备。设备驱动程序是一个"中介",将高层的命令转换为硬件设备能够识别的格式,由于每一家厂商的硬件都不相同,因此必须开发相应的驱动程序。设备驱动程序是操作系统内核的一部分,这样的场合除了 C++（当然也有 C 语言,这里对它们不作区分）,还有哪个语言能胜任呢?

由于在了解底层硬件细节的同时还要注重效率,因此驱动程序开发难度较大。也正因为如此,驱动开发工程师的薪水往往是很高的。图 1-15 所示是一种多串口卡,其驱动程序就是用

图 1-14　C++在图像处理领域的地位无可撼动

C++开发的。

图 1-15　在与硬件打交道的地方 C++是上乘之选

当然，除了硬件驱动程序，操作系统的内核模块也是 C++/C 语言的天下。这一点估计读者比较熟悉，不再做过多介绍。

（5）网络相关

现在，人类社会已经进入到网络时代，网络相关的应用开发具有非常广阔的市场。

C++在网络方面的应用自然是偏向底层的。如果学过计算机网络，应用知道计算机网络的核心概念是"协议"。网络协议将网络分成自上向下的不同层次，越向上的层次越面向任务并贴近用户；反之，越向下的层次就越靠近系统，负责数据的具体传输等"苦活累活"。C++在这样的层次中自然是扮演干"苦活累活"的角色了。说得更直白一些，就是用来开发偏向网络底层的协议。

如图 1-16 所示，在这种网络的底层协议中，C++也在发光发热。

图 1-16   C++在网络程序开发中也占有一席之地

（6）其 他

C++作为一代程序语言王者，在 IT 行业的应用极其广泛，上面介绍的只是较典型的几种。可以说，C++的身影在 IT 开发中几乎随处可见，常见的应用还有：

桌面软件开发（如百度、QQ、浏览器、播放器等）、高性能实时计算、CAD/CAE/CAM 等、系统及框架、手机等智能设备、航空航天系统、多媒体等。

从以上列举的有限的几个例子可以看出 C++应用场合的特点：

偏向底层，运行速度要求高：由于 C++的高运行效率，使得它更适合进行与底层的基础软件贴合得更加紧密的应用。C++在系统级的复杂应用程序，高性能、实时、并行和嵌入式的应用中占主导地位，同时在对灵活性和底层操作要求较高的软件开发中占据着绝对优势。

编程难度大，技术含量高。由于基础性的模块往往都要干"苦活累活"，这意味着有许多细节都要照顾到。因此，进行相应的 C++开发的难度往往要高于上层模块的开发。

正因为如此，虽然 C++不好学，但学好了却"钱途"无量。对于企业来说，对 C++开发人员的入职要求相对高，一旦被企业录用一般起薪也要高一些。

1.6   如何快速练就C++编程

学习一种计算机语言一般是以实现一个让人颇有成就感的"Hello, world!"的代码开始，但与这个世界打过招呼之后，接下来的路该怎么走却是一个大问题。很多人的做法自然是跟着自己买的教材一步一步往下走。这当然也不错，但是目前就 C++的学习而言存在以下问题：

① 国内的教材往往过于老化，千篇一律，其内容往往重点不突出，过于肤浅。很多都是互相参照、互相复制制作；同时与学生在找工作时面对的面试题脱节严重。事实上，高校的教师本身C++水平也未必有多高，他们本身的长处还是在于科研方面。这样的 C++教材可以说学起来既枯燥又脱离实战。很多在校学生通过课堂或教材难以真正学好编程语言。

② C++毕竟是外国人发明的，所以他们之中颇多大师写的书是很有含金量的，但是他们的书实在是太厚了，有些内容比较难懂，初学者会感到学习起来很吃力。此外，对于国内学习者而言，读翻译过来的外文书还有一个致命的硬伤，那就是国内的部分翻译使书的成色大打折扣。很多翻译者并不负责任，虽然挂着某某头衔，但是实际上让自己手下的小弟小妹来操刀，这些小弟

小妹在很多知识、技术上比较欠缺，结果翻译出来的东西，初学者读得一头雾水。很多专业词汇经过这些外行的翻译，感觉就像是用机器翻译出来的。这种不负责任的态度，往轻里说，是增加读者阅读的难度；严重一点说，往往会误导读者，特别是对一些初学者，造成的伤害更大。入了门、有些基础的人往往能够看出那些生硬翻译的痕迹，从而造成不快，也影响了其看书求知的心情。

　　有鉴于此，本书立志为读者简明扼要地指出学习架构，让学习者有的放矢地去学习。编程语言毕竟是工具和手段，最终目的是利用工具生产出优秀的产品，在工具的学习上下太多的功夫实在是本末倒置。

　　总体而言，针对初中级的 C＋＋学习者而言，学习的基本内容应包括以下几个部分（如图 1 - 17所示）。

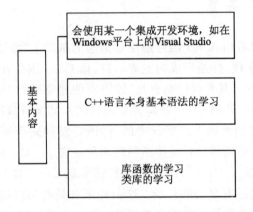

图 1 - 17　C＋＋学习的基本内容

对于初学者而言，将 C＋＋语言自身的基本语法分为 3 部分即可：

（1） C＋＋中与 C 语言重叠的部分

　　这部分是基础，不涉及类的概念，最核心的东西就是围绕函数的设计与编写。C＋＋是在 C语言基础上发展而来的，这部分常被称为 C＋＋的 C 部分。当然，有一些概念和 C 语言还是略有不同，读者在学习时注意即可。

（2） C＋＋中面向对象编程的部分

　　这部分主要是围绕类（class）的概念展开的，是 C＋＋的核心与精华。如果没有这部分，C＋＋也就退化为 C 语言了。类是抽象数据类型，涉及的概念较多，其产生、清除、参数传递都有诸多陷阱，易让人迷糊，所以需要花费一定的精力。

（3） 模板及 STL 初步

　　这是 C＋＋中更加抽象的部分，涉及"泛型"的概念。对于一般的学习与应用而言，只要知道模板的基本概念，会用 STL 中的一些常用的简单模板类（如 vector）即可。

　　以上三部分按学习的阶段和级别来说，就是初、中、高的次序，如图 1 - 18 所示。

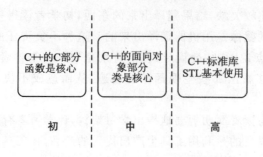

图 1-18　快速学习 C++ 的三部曲

1.7　C 与 C++ 的关系

从 C++ 的名字就可以看出,C++ 语言是在 C 语言的基础上"添了点儿东西"。从历史上看,C 语言发明于 20 世纪 70 年代,并逐步成为主流语言,而 C++ 则是在 80 年代出现的,它是踩在 C 语言的肩膀上发展起来的。其发明的初衷是"C 语言的超集",即"增强的 C 语言"。通过在 C 语言中加入了面向对象机制,使得 C++ 兼具了 C 语言较高的运行效率和面向对象设计手段。

虽然 C++ 是在 C 语言的基础上发展起来的,但语言发展到今天,C++ 同 C 语言之间还是存在诸多差别的,甚至已经可以将二者看作不同的两种语言了。C++ 和 C 具有相互独立的标准委员会,最新的 C++ 标准是 C++ 11,而 C 的最新标准是 C11。在这两种标准上,C++ 并不能兼容 C 了,甚至在某些方面还有显著的差别。这两种语言具有不同的理念。对二者进行全面的比较和衡量,是一个很大的主题了。最根本的区别,在于 C 是面向过程式语言,而 C++ 是面向对象语言。正如本书后面章节所提到的,面向对象比面向过程的集成化更高(注意这并不是说面向对象就一定优于面向过程,关键还要看所解决的具体问题的性质),因而更适合开发大型软件。

图 1-19 所示是 C 语言和 C++ 语言各自发展的轨迹。

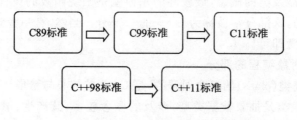

图 1-19　C 语言和 C++ 语言各自的发展路线

从图 1-20 可以看出,虽然具有深厚的历史渊源,但时至今日,C++ 语言和 C 语言已经可以被看作独立的两种语言了。一个初学者常问的问题是:

学习 C++ 是否要先学 C 语言作为基础?

答案显然是:不需要。

C++ 语言具有完全独立的知识体系,从最简单的过程式编程到面向对象编程都已经涵盖,学习者完全可以从 C++ 最基础的语法学起直至复杂特性。问这个问题的朋友显然还停留在"C 语言是 C++ 的子集,比 C++ 要低级且简单"的认知上。

1.8　C++语言的前景

C++是老牌的编程语言了，几十年来为计算机产业的发展立下了汗马功劳。前辈大师们留下了无穷无尽的优秀 C++代码可供后来者学习，无数用 C++开发的软件在各行各业发挥着巨大作用。

时至今日，新型的编程语言层出不穷，后起之秀越来越多。就通用编程语言而言，Java 和 C#都是热门语言，它们的优势是比 C++更"傻瓜式"，因为封装的层次比较深。在企业级信息系统开发（数据密集、业务规则复杂多变）中，Java 和 C#更具优势。

C++的优势在于兼具 C 语言的高效运行速度，同时兼具面向对象的设计方法。这使得 C++在那些特别强调速度和性能的领域无可匹敌。比如：

微软公司曾经试图利用 C#来编写操作系统，结果是：失败。

大家现在天天都离不开智能手机，目前安卓阵营最为庞大，因为安卓机从低端到高端都涵盖。安卓机上的软件都是基于 Java 开发的，估计大家都会有一个共同的使用感受：安卓软件越用越慢。相比之下，苹果手机的使用体验就是两个字：流畅。苹果手机上的软件所用的语言是 Object C，这个语言可以被看作 C 语言和 C++语言的后代，是经过裁减后适合移动平台开发的 C 系语言。

获取速度与性能的代价就是开发者必须要懂得更多的底层知识与编程技巧，因此一个优秀的 C++程序员身价非常高。

C++曾被称为最难学的语言之一，因为其加入很多抽象的元素，也正因为这样，才使得 C++成了学习高级编程语言的百科全书。可以说，学过 C++之后，再学其他语言，会感到非常轻松。

IT 小知识——语言江湖（C++，Java，C#）

C/C++语言是计算机发展史上最成功、最具影响力的计算机编程语言，对于世界科技进步起到了巨大的推动作用。C 语言是过程化编程语言的王者，而 C++则在 C 语言的基础上加入了划时代的面向对象概念。后来的诸多有重要影响力的语言，包括 Java、C#、Object C、PHP 以及 MATLAB 这些科学计算语言，都直接受到 C 与 C++的影响，从而成为其晚生后辈。

C 和 C++具有强大的底层控制力，是开发操作系统的语言。它们给予程序员非常大的灵活性，尤其是指针、动态内存申请等，都可以让程序员"自由发挥"，充分满足底层控制欲。C 和 C++中可以嵌入汇编语言，可以让它们在强调运行效率的场合挥洒自如。正因为其具有强大的底层控制力，C 和 C++有时候被称为"中级语言"。

尽管速度效率很高，作为面向对象的 C++语言中有太多复杂的特性，掌握起来非常不容易，这反而使得在很多时候 C++的设计与开发效率降低。因此，Java 等新生代面向对象语言兴起后，C++的地盘逐步向着自己更擅长的领域集中。

在 C++语言逐步偏向底层后，企业级信息系统开发已经让位给了两位后起之秀，也是当今通用开发语言的两个顶梁柱——Java 和 C#。它们对于 C++语言而言，算是后辈晚生，都借鉴了 C++的东西，因此对前辈 C++敬重有加。而这两位之间，则是赤裸裸的竞争关系。

Java 是著名的 Sun 公司于 1995 年推出的，它的出现迎合了互联网时代新的开发需要，一经推出就受到了热烈欢迎。众多公司都加入了 Java 阵营，Java 的开发平台 JEE 成为企业信息化开发最重要的平台。但后来由于微软与 Sun 之间的官司,引得微软另起炉灶开发了．NET 平台及该平台的主打语言 C＃与 Java 竞争。由于微软公司的强大实力,．NET 及 C＃迅速普及并形成与 Java 阵营的对峙之势。

　　Java 与 C＃都非常强大,难分伯仲,如图 1－20 所示。

图 1－20　Java 与 C＃的竞争

　　但目前,Java 在智能终端时代再显神威。Java 在目前具有最大市场占有率的安卓平台上是主要的开发语言。目前,微软公司正在积极部署其 Windows Phone 平台上的开发环境,可能在不久,我们将会看到 C＃开发在 Windows Phone 上的应用。但由于 Windows 手机市场占有率远小于安卓手机,因此在这一点上,Java 要胜于 C＃。

第 2 章
出发之前:C++编程装备

2.1 C++常用的开发利器

学习 C++编程,首先需要一个具体的开发环境(含编辑、编译、调试)。一个好用的开发利器可以使学习 C++的过程更加轻松、愉快。本节首先介绍经典的开发环境。

2.1.1 经典之作 Visual C++ 6

用 C++编写软件首先要明确自己的软件平台——操作系统。显然,对于初学者而言,Windows 是最佳的选择。在 Windows 平台上,最佳的 C++学习与开发工具当然就是 Visual C++了,其原因显而易见:Visual C++是微软公司开发的,没有其他人比微软公司更理解 Windows 程序开发。

Visual C++是微软公司的 Visual Studio 家庭中的一员,版本较多。如何选择呢?

在微软公司的.NET 推出以前,Visual C++ 6.0(以下简称 VC 6)是最为经典的版本,经典到已至今天还有非常多的人在使用,以至于一些 IT 公司始终保留着这个相对较老的 VC 版本,因为它们很多的客户都还在用 VC 6,足见其影响之大、之久。读者如果到书店里去看书,会看到非常非常多的 VC 编程开发书籍用的还是 VC 6,一本《深入浅出 MFC》到今天依然还算畅销,这些都为用 VC 6 的朋友们提供了很多便利。

图 2-1 所示是 VC 6 的界面。

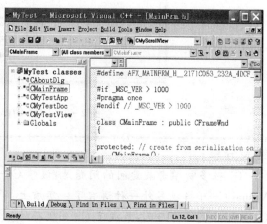

图 2-1　Visual C++的经典版本 VC 6

VC 6 具有如下优点:

（1）界面简洁明了

这种"三分式"的界面非常具有简洁之美，很多编程软件都采用这样的界面。

（2）占用内存小，运行速度快

VC 6 比起后来的版本可谓体态轻盈，占用内存小，编译、运行速度都很快。这对于和硬件打交道多的软件开发者是非常有吸引力的。

（3）性能稳定，代码和学习资源多

VC 6 到今天依然有很多人在用，足见其经受了时间的考验，以其稳定的性能赢得了诸多开发用户的心。与此同时，关于 VC 6 的优秀代码和学习资料就更多了，是一笔巨大的财富。

当然，由于 VC 6 是 10 多年前的产物了，其产生的年代还是 C++ 的标准未稳定的时候，因此其对不少 C++ 标准的支持不够理想，比如标准库 STL。同时，很多第三方的库在 VC 6 上是无法使用的，比如计算机视觉与图像处理库 OpenCV 2.0 版本就无法在 VC 6 上使用。这些都是老迈的 VC 6 力所不及的。但总归瑕不掩瑜，对于只使用 C++ 的基本特性并且无需高级第三库的情况下，使用 VC 6 还是非常方便的，这种情况在高校中非常多见。

如果利用 VC 6 学习 C++，需要两个必备的辅助工具，一个是 VC 6 助手（Visual Assistant X）；另一个是帮助文档 MSDN。VC 助手是很方便的智能提示工具。MSDN 则包含了在 Windows 上开发的各种内容，可以说是 VC 6 开发的百科全书，如图 2-2 所示。

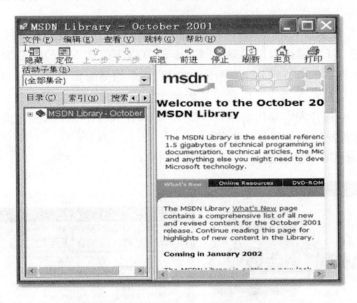

图 2-2   VC 6 的伴侣——MSDN 2001

经验分享：

　　① 很多初学者最爱问的问题是：该学 C++ 还是 Visual C++。其实，他（她）们是误将 Visual C++ 当成另外一种语言了。实质上，Visual C++ 只是 Windows 开发平台上的一个 C++ 的开发工具而已，集成了 C++ 代码的编辑、编译、调试等诸多功能，因此也被称为"集成开发环境"。Visual C++ 自身除了提供 C++ 标准的库函数和类库外，还提供了在 Windows 平台上进行软件开发而定制的 C++ 类库，如经典的 MFC 类库。本书只涉及 C++ 标

准的库函数和类库,对 VC 自带的 MFC 类库等不作介绍。那些东西是要等到读者在学好 C++后继而专门进行 Windows 软件开发时才该学的。

②笔者一开始学 C++时用的就是 VC 6,后来用得习惯了就一直在用,差不多用了 10 年之久,可以说对 VC 6 有很深的感情。后来由于科研的需要,才转到 Visual C++ 2010 上,但由于以前积累的代码较多,因此在开发某些小软件时还是会不时用到 VC 6。在笔者的《别样诠释——一个 Visual C++老鸟的 10 年学习与开发心得》一书中,用的就是 VC 6 这个工具。

2.1.2 .NET 时代的 Visual C++开发工具

在 VC 6 以后,微软公司的开发工具全部集成到新的.NET 平台上,Visual C++和 Visual Basic,Visual C♯等集成到一起。在.NET 平台上的早期,VC 还叫作 Visual C++.NET,给人的感觉像是要用 Visual C++来重点开发网站了。后来索性就直接以年份代号来命名了,比如 Visual C++ 2005,Visual C++ 2008,Visual C++ 2010。

本书以 Visual C++ 2010 为工具讲解 C++。由于目前 Visual C++的操作界面变化不会太大,所以掌握了这个版本的基本操作,以后升级到时新的版本时不会带来很大困难。而从 VC 6 直接转过来,则会需要适应一段时间,毕竟界面差异略大。

图 2-3 所示是 Visual C++ 2010 的启动与操作主界面。

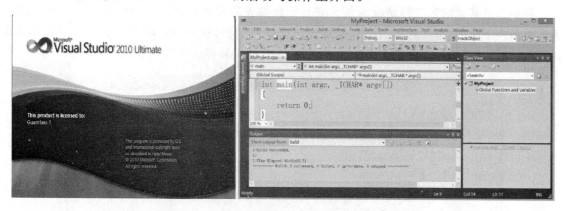

图 2-3 Visual C++ 2010 的启动与操作主界面

经验分享:工具的掌握在于精

　　IT 是发展迅猛的行业,软件开发尤其如此。很多人都追求时髦,今天学学这个,明天又碰碰那个,到头来哪个都会一点,但却都不精通。这是学习技术的大忌!除非确实影响到了自己的科研或者工作,否则没有必要赶时髦、频繁换工具。举个例子,比如你用 VC 6 同样可以开发出非常漂亮酷炫的软件界面,而如果让一个自称熟悉 Visual C++ 2010 的人来开发这些界面,说不定都做不出来呢。笔者以前一直用 VC 6,几乎可以应对科研工作中所有的开发任务,几次也想换换新的尝尝鲜,但觉得也没有太大必要和动力。毕竟,工具就是工具,能帮助自己达到目的就是好工具。

2.2 磨刀不误砍柴工——Visual C++ 2010 开发工具的安装与使用

2.2.1 安　装

本书以 Visual C++ 2010 开发环境作为实验工具。第 2 章主要介绍 Visual C++ 2010 的安装和使用。熟悉这些基本操作后,在后面具体的 C++学习过程中,读者就可以一边看书,一边在计算机键盘上输入代码来实践书上讲到的内容。

这里首先需要提醒读者的是,关于编程开发软件的选择,最新及很老的版本都较不适宜。老的版本毕竟在某些情况下已经跟不上软件技术的最新发展及硬件平台的发展;最新的版本刚刚出来还不够稳定,难免存在一些 Bug,只有目前主流的版本,经过了大量开发人员的检验,已经很稳定了,这才是我们要选择的。

首先介绍 Visual Studio 2010 的安装。读者需要有安装文件,而后才可以根据具体情况进行安装。

① 如果有安装光盘,则直接将其插入光驱中进行安装。

② 如果通过下载获得了.ISO 文件,则需要虚拟光驱软件。最常用的就是 DAEMON Tools 软件,可以从网上很轻松地下载到。

我们以更常见的第二种情况为例。安装好虚拟光驱软件后运行,得到如图 2-4 所示的界面。单击左下角的"添加映像"按钮,即可弹出文件对话框,找到 Visual Studio 2010 的.ISO 文件,单击"确定"按钮后即可进入 Visual Studio 2010 的安装提示界面,如图 2-5 所示。

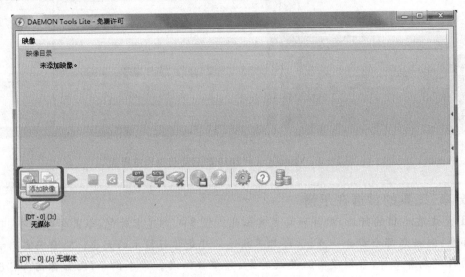

图 2-4　虚拟光驱软件打开.ISO 文件

这里介绍的安装方法具有通用性,读者如果要安装 VC 6,Visual Studio 2008 等版本都是类似的,有些时候可能需要同时安装 Visual C++的不同版本在同一台计算机上。为什么有了最新的版本还要安装老版本呢?这样的情况是存在的,主要是基于历史原因:可能某个项目开发团队以前用的是某个版本,后接手的开发人员为了延续性,也安装了以前的版本;还有就是客户的要求,比如客户一直在用 VC 6,那么开发人员就必须安装它。

　　打开.ISO 安装映像文件后,就可以看到如图 2-5 所示的安装提示界面。Visual C++ 2010 与 C♯、Visual Basic 等都集成在 Visual Studio 2010 里面,所以需要安装整个 Visual Studio 2010。安装需要 2~3 GB 的空间,所以要在安装位置为其留够空间。做好规划之后就可以进行安装了。由于整个安装文件较大,因此安装需要花费一定的时间(十几分钟到几十分钟不等,视具体的机器情况而不同)。

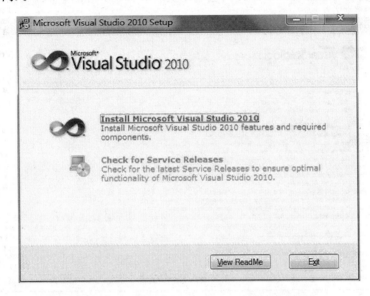

图 2-5　Visual Studio 2010 的安装提示界面

2.2.2　编程助手的安装

　　安装完成后,为了编写程序方便,要安装 Visual Studio 2010 助手(Visual AssistX)。它在用户编写程序时有智能提示功能,非常方便。

　　图 2-6 所示为 Visual Studio 2010 助手的安装提示界面。

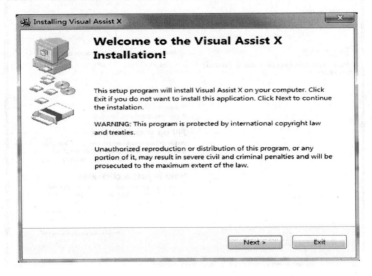

图 2-6　Visual Studio 2010 助手的安装提示界面

2.2.3　帮助文档的安装

任何一款工具软件的帮助文档都是必不可少的，也是开发者、学习者最为宝贵的学习资料。正如前面所提到的，对于 Visual Studio 而言，帮助文档就是 MSDN。

Visual Studio 2010 中的 MSDN 帮助文档较之前的版本有了很大的不同，它使用了 Microsoft Help Viewer。在安装 Visual Studio 2010 时会自动安装 Microsoft Help Viewer，如图 2 - 7 所示。

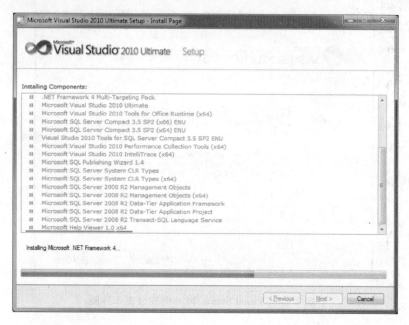

图 2 - 7　Visual Studio 2010 的自动安装 Help Viewer

安装完 Visual Studio 2010 以后可通过单击 Install Documentation 从磁盘安装帮助，如图 2 - 8 所示。

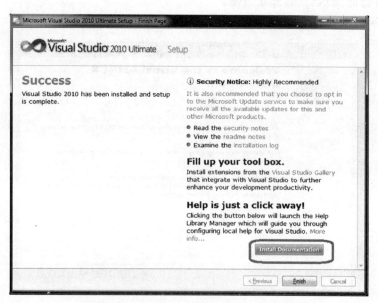

图 2 - 8　单击 Install Document 进行磁盘安装帮助文档

如果此时没有安装帮助文档,也可通过 Visual Studio 帮助菜单中的"Manage Help Settings"命令(如图 2-9 所示)对帮助文档进行设置或安装。安装选项见图 2-10。

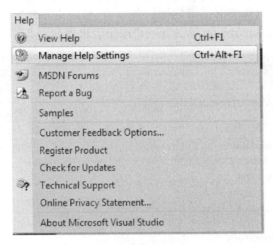

图 2-9 帮助菜单

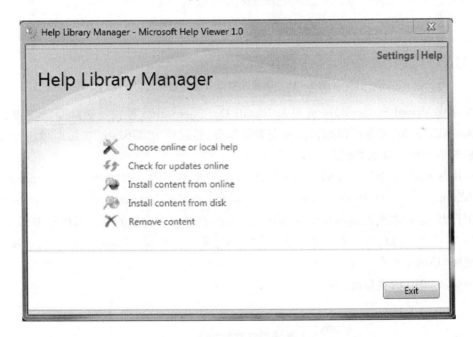

图 2-10 安装选项

部分安装选项说明:

Choose online or local help:可选择使用在线帮助还是本地帮助。

Check for updates online:可对帮助进行更新。

Install content from online:可以在线下载并安装帮助内容。

Install content from disk:可以从磁盘安装帮助内容。

不少用户在安装完 Visual Studio 2010 后没有安装帮助文档会以为无法安装本地帮助,实际也可以通过这里来安装。这和早期版本的 Visual Studio 的帮助文档有些不同。早期版本的 Visual Studio 的帮助文档需要完整安装本地版本或使用在线版本,而 Visual Studio 2010 可以在本地安装部分帮助文档,不一定要全部安装,而且不仅可以通过本地文件安装,也可以从网上下载并安装到本地。这些都增加了安装帮助文件的灵活性,为用户提供了更多的选择。

如果选择从磁盘安装可能会要求提供安装源位置,它位于光盘驱动器盘符:\Product Documentation\HelpContentSetup. msha,单击"next"按钮会出现如图 2 - 11 所示的安装界面。

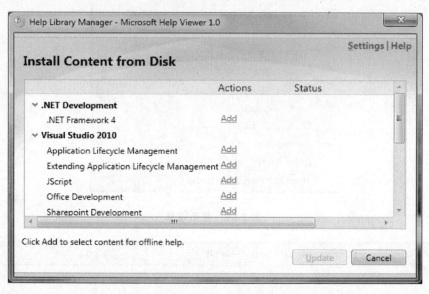

图 2 - 11　选择从磁盘安装帮助文档

安装完成 Visual Studio 2010 并单击 Install Documentation 按钮在选择帮助位置后也会出现该界面,单击"Add"按钮可以选择需要安装的部分,然后单击"Update"按钮即可进行安装。从网络下载安装的操作与此类似。

在使用帮助时,也会与早期版本的 Visual Studio 有些不同。例如,Visual Studio 2008 的帮助会在 Microsoft Visual Studio 2008 Documentation 中打开,而 Visual Studio 2010 的帮助会在浏览器中打开,这让本地帮助与在线 MSDN Library 有了比较类似的界面和操作方式。

安装 Visual Studio 2010 的工作至此大功告成。第一次启动 Visual Studio 2010 时需要一定的配置时间,请耐心等待。图 2 - 12 所示为 Visual Studio 2010 的启动界面。图 2 - 13 所示为 Visual Studio 2010 的主界面。

图 2 - 12　Visual Studio 2010 的启动界面

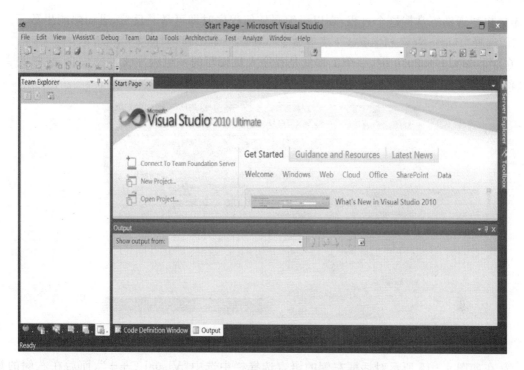

图 2 - 13　Visual Studio 2010 的主界面

经验分享：养成看帮助文件的习惯是成为高手的必要途径

　　任何编程工具的帮助文档都是最重要的学习资料，因为它是对软件自身功能的权威解读。对于像 Visual C++，MATLAB 这些大型编程工具来说，帮助文档就像一本"百科全书"，从中可以学到很多东西。很多学习者宁可到网上论坛去"跪求"高手，或者去书店遍寻"秘籍"，也不愿意多看几眼帮助文档。殊不知，这会阻碍自己成为真正的高手。事实上，很多编程书籍上的代码都是从帮助文档中摘抄而来的，更有垃圾者，大段大段地抄袭帮助文档，这些都是投机取巧的行为。与其去看那些"二手"代码，不如直接参阅学习最权威的帮助文档。Visual C++的帮助文档都是微软公司顶尖软件人员编写的，代码的质量是毋庸置疑的高。

　　很多朋友之所以不爱看帮助文档，主要是因为帮助文档很多都是英文的，而那些翻译成汉语的往往使人感觉不够专业。这里给读者朋友的忠告是，最好看英文原版的帮助文档。至于对英文的恐惧，我想，如果你真想在软件行业有一番作为，那么英文这一关是必须要过的，因为毕竟编程语言都是英文的。计算机方面最前沿的东西大都还是源自西方，所以为了能与之对话，英文几乎是与编程语言同样重要的工具。

2.3　小例子——迅速掌握 Visual C++ 2010 编写程序的基本过程

　　下面通过一个简单的小例子，引领初学者迅速掌握 Visual C++ 2010 开发程序的基本过程。正所谓"麻雀虽小，五脏俱全"，任何复杂 C++程序的开发过程都和这个小例子类似。所以,希望初学者熟练掌握这个过程,在以后编写任何程序时即可举一反三,进而熟能生巧。

① 选择"File→New→Project→菜单命令",新建一个工程,如图 2-14 所示。

在 Visual C++ 2010 中,一个工程就是程序人员编写的一组程序文件的集合,包括头文件、源文件、资源文件等。

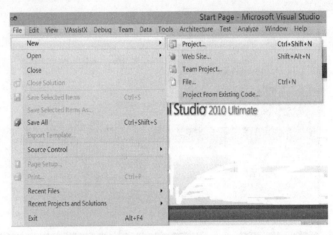

图 2-14　在 Visual Studio 2010 中新建一个工程

② 在如图 4-15 所示对话框左侧的语言选择栏中选中"Visual C++",而后在右侧的具体项目选择中选择"Win32 Console Application",这就是所谓的"控制台"程序。这种程序是那种运行结果为"白字黑底"式的,是最简单、省去图形界面的程序模式。

在最下面填写工程的名称与存放位置。我们就将工程取名为"Hello",而后单击"OK"按钮进入下一步。

在如图 2-16 所示的对话框中,选中"Empty project"复选框,这样我们的工程就像一张白纸不会自动添加事先放置的代码。最后单击"Finish"按钮,完成工程的建立。

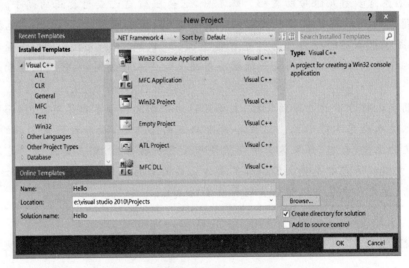

图 2-15　设置工程属性

③ 建好工程后,进入左侧的工程任务视图中可以看见刚刚建好的工程"Hello"及其所有的文件。右击其源文件夹选项"Source Files",在弹出的级联菜单中选择"Add→New Item"命令,

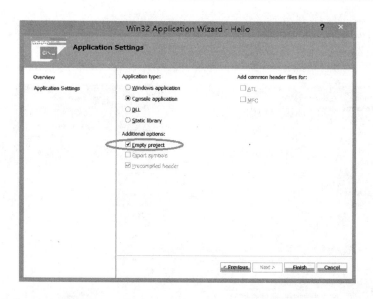

图 2 - 16　在 Visual Studio 2010 中设置工程属性

如图 2-17 所示。这是为了给空的工程中添加具体的程序源文件。

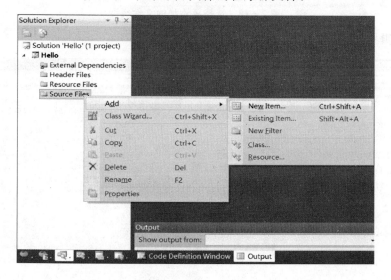

图 2 - 17　在工程项目中添加源文件

而后弹出如图 2-18 所示的对话框，在其中可以看到许多可以添加的文件类型。随着经验的提升，我们会接触到更多的文件类型。这里选择"C＋＋ File(.cpp)"，而后单击右下方的"Add"按钮。

④ 加入源文件后，接下来的任务就是编辑源代码，这就进入到了核心工作。在空白的文件编辑区内写下如下代码：

```cpp
#include<iostream>
using namespace std;

int main( void )
```

```
{
    cout << "hello,world!" << endl;
    return 0;
}
```

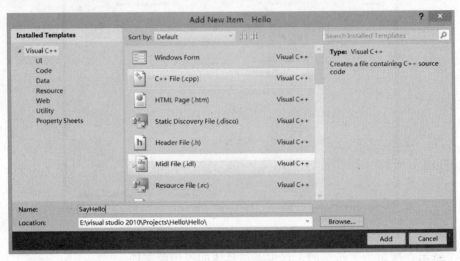

图 2-18   选择要添加的文件类型

源文件编辑界面如图2-19所示。

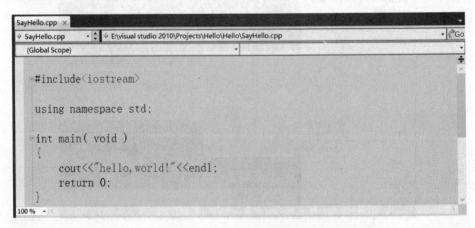

图 2-19   VC 2010 中编辑源文件

⑤ 编辑好源程序后,选择"Build→Build Solution"菜单命令(如图2-20所示)编译程序。

⑥ 编译成功后,选择"Debug→Start Without Debugging"菜单命令(如图2-21所示)即可运行程序。

如果选择"Start Debugging 命令",程序会运行一下马上返回,难以看清结果。

最后,运行程序,输出结果,如图2-22所示。

在学习C++的基础阶段,主要是熟悉语言本身的特性和编程方法,因此就只用这种最简单的控制台式的编程模式。完成基础阶段的学习后,才可能继续进行具有图形用户界面的开发,那是后话。许多初学编程的朋友上来就想学习带有用户界面的编程,而忽视了基础阶段语法的学习,结果往往是欲速则不达。

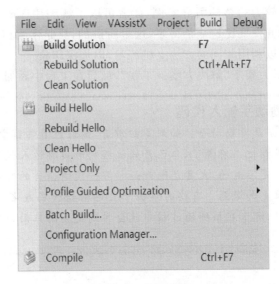

图 2－20　编译源文件

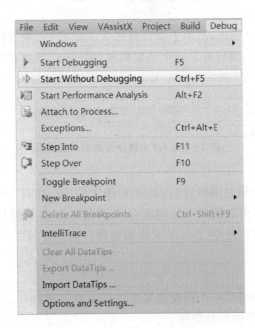

图 2－21　选择运行命令

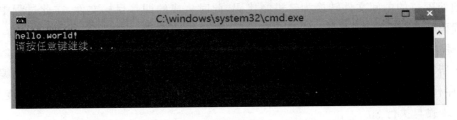

图 2－22　运行程序，输出结果

小结：通过以上这个较为完整的引导实例，读者可以了解利用 Visual C++ 2010 开发程序的基本流程。当然，实际开发要比这复杂得多，这里所讲的，只是本书以后内容的实验平台的搭建。以后各章的内容，可以利用相同的方法上机练习，以加深印象。

总体的流程就是先搭大架子"解决方案→工程"，而后在工程中添加文件。

> **经验分享：一定要勤动手输入代码**
>
> 编程不是看会的，而是要勤动手。如果是初学者，最好照着书籍中的代码一行一行地输入下来。有人觉得要等到把书看懂了，自己开始编程的时候再输入代码，照着书来输入代码是浪费时间。这种认识是不对的，尤其是刚开始学习一门新语言的时候，这样做比只看书中的代码而不动手要印象更加深刻。有些时候由于自己输错代码或书中的印刷错误等，会发生代码运行出错的情况，那么在排错的过程中就会学到更多的东西，这是只看书所不能达到的效果。

2.4　C++程序开发的基本过程

上文通过一个简单的小程序，演示了如何通过 Visual C++ 来进行 C++ 编程。相信读者已经通过这个小例子，对 C++ 编程有了一个完整的感性认识。下面就稍微深入一点，介绍一个程序的完整生命周期。图 2-23 所示为一个 C++ 程序开发的完整流程。

图 2-23　C++程序开发的完整流程

（1）源程序的编辑

开发 C++ 程序首先要通过编辑器（Editor）对源文件进行编辑。此时的源文件为文本格式。例如，在 Windows 环境下，可以使用 Visual Studio 自带的文本编辑器，也可以直接建立文本文件；在 Linux 操作系统中可以使用 Vim 等文本编辑器。建立好的文件通常存放在硬盘等外部存储器上。

（2）预处理

在正式进行编译前，会通过一个预处理器来进行一些处理操作，包括将头文件放入源代码、宏的替换以及其他一些设定的预处理指令。

（3）程序的编译

将预处理过的中间文件转换为二进制代码，此时生成的即是目标文件，在此过程中进行语法检查和代码优化工作。

（4）程序的连接

由于所写的程序会用到一些内建的或外部的连接库，连接器就是将库文件（已经编译成机器码）和程序代码连接成完整的可执行程序，同时还要进行地址转换，以便进行正确的装入工作。

（5）装载与执行

此时的程序已经是可执行的机器代码了，装载器将这些可执行码放入内存中。在获取 CPU 时间片后，即可从内存中取出在 CPU 上执行了。至此就完成了一个程序的完整开发过程。

虽然上面有这么多步骤，但其实作为编程者真正直接接触的也就是源代码的编辑，至于其他部分,Visual C++都会自动为你做好,你只需要单击按钮即可。

2.5　程序的文件组织

　　C++源代码的编辑都是放在一个个文件里的,C++的程序文件一般分为两类:头文件(以 .h 为扩展名)和源文件(以 .cpp 为扩展名)。

　　头文件主要用于程序中变量、函数、类的声明,它是一份程序对外接口的说明书。

　　源文件才是真正体现程序具体功能的地方。

　　这种声明与实现相分离的模式,是现代软件工程的要求,以使程序的组织更加清晰,更易维护。倘若想改变一些程序的功能,那么接口(声明)可以不动,只改变其具体实现的部分即可。

2.5.1　声明与定义的区别

　　在 C++语言中,无论是变量、函数还是类,都必须遵守的一个准则是:先声明再使用。声明的意义在于"宣告自己的存在"。不存在的东西就不能用,道理就这么简单。但仅仅声明还是不够的,因为具体的实现还要告诉编译器,否则声明不就是"一纸空谈"了吗? 所以,声明和定义的区别就在于:前者是变量、函数或类的使用证,后者则是具体的实现。

2.5.2　头文件

　　头文件是程序中变量、函数、类的"总体说明书",因为这些元素的声明往往放在头文件中,而将具体实现的代码放在源文件中。很多时候,源代码是不能公开给用户的,这时候就只将头文件和编译好的库文件交给用户。此时用户按照头文件中给出的接口来调用库中的函数即可,而不必关心该函数是如何实现的。

　　头文件一般包含的内容有:

　　① 注释和相关说明(如创建时间、创建者、程序功能、版本、版权信息等)。

　　② 外部数据声明。

　　③ 常量声明和宏定义。

　　④ 函数声明。

　　⑤ 类声明。

　　⑥ 包含其他头文件,如 include＜iostrem＞。

　　⑦ 预编译指令,如(♯ifndef/♯define/♯endif)。

　　提示　下面的问题是经常会碰到的:

　　① 头文件中的♯ifndef/♯define/♯endif 是起什么作用的?

　　答:防止该头文件被重复包含。

　　② ♯include＜filename.h＞ 与 ♯include"filename.h"有什么区别?

　　答:♯ include＜filename.h＞是从开发环境设置的目录中进行 filename.h 这个文件的搜索;

　　♯include"filename.h"则是从用户当前的工作目录中进行 filename.h 这个文件的搜索。

2.5.3　源文件

　　C++源文件主要保存函数的实现和类的实现(本质上也是类的成员函数的实现),以 .cpp

作为文件扩展名。

　　图 2-24 所示为在 VC 2010 中建立头文件和源文件的过程。

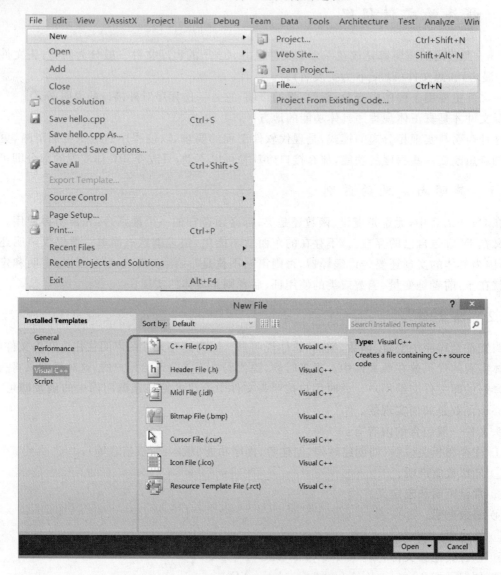

图 2-24　VC 2010 中建立头文件和源文件

2.6　预处理指令

　　前面的章节提到,在 C++程序正式编译前要进行一轮预处理,由预处理器完成。预处理完成后进行正式的编译(将源代码转换为可执行的二进制代码)。预处理是 C++语言中的一个重要功能,主要提供文件包含、宏定义、条件编译等功能。

2.6.1　文件包含

　　文件包含是 C++预处理程序最重要的功能。没有哪个程序可以通篇仅仅是自己写的代码,往往都会要借用一些"外力"——其他一些文件。通过文件包含命令将指定的头文件插入到该命令行位置,从而替换该命令行,这样就将指定的头文件和当前的源文件连接起来形成一个新的源文件。

文件包含命令一般有如下两种形式:

```
# include <文件名 >
# include "文件名"
```

两者的区别在于预处理器在查找被包含的文件路径不同。对于"< >"所包含的文件名,预处理器将要在系统设置的包含文件目录中查找,这类文件通常都是系统的库文件。对于双引号包含的文件都是在当前编译的程序所在的目录中查找,这类文件通常都是用户自己创建的头文件。例如:

```
# include < iostream >        //C＋＋标准输入输出库头文件
# include "MyLib.h"           //用户自己创建的头文件
```

在大型程序开发中,往往存在由不同程序员分别编写的多个模块。这些模块存在一些公共的全局变量、宏定义等可以单独组成一个头文件,在其他文件的编写时包含进这些含有公共定义的头文件即可。这样的做法省去了每次在各个模块内重复定义相同部分的时间开销,从而提高了效率。

2.6.2　宏定义

在 C＋＋中可以用一个相对简单的标识符来表示一个字符串,称为宏。被定义为宏的这个相对简单的标识符称为宏名。在预处理过程中,将程序中所有出现的宏名都用其所代表的字符串进行替换。

在 C++中,宏分为无参数宏和带参数宏两种。

(1) 无参数宏

无参数宏的宏名后面不带参数,其定义的一般形式是:

```
#define 宏名 字符串
```

其中,♯表明这是一条预处理指令;define 是宏定义命令;字符串可以是常量,也可以是表达式。

一般该表达式在程序中要反复用到。例如:

```
#define    PI      3.1415926535897
#define  AREA      ( PI * r * r )
```

上面的宏定义中,第一条语句定义了圆周率常量 PI;第二条语句则是定义了宏 AREA 来代替表达式 PI * r * r,用来计算圆的面积。

【例程 2-1】 宏的使用。

```
# include < iostream >
using namespace std;

#define    PI      3.1415926535897
#define  AREA      ( PI * r * r )

int main( void )
{
    double r = 0,  area = 0 ;
    cout << "请输入圆的半径:" << endl ;
```

```
    cin ≪ r ;
    area = AREA ;
    cout ≪ "圆的面积是:" ≪ area ≪ endl ;
    return 0 ;
}
```

（2）带参数宏

在 C++中，宏也可以带参数。在宏定义中的参数称为形式参数。在实际调用宏时传入的参数为实际参数。

带参数宏的宏名后面不带参数，其定义的一般形式是：

```
#define 宏名(形式参数表)  字符串
```

【例程 2-2】 带参数宏的使用。

```
#include < iostream >
using namespace std;

#define   PI     3.1415926535897
#define   AREA( r )    PI * ( r ) * ( r )

int main( void )
{
    double iR = 0,  area = 0 ;
    cout ≪ "请输入圆的半径:" ≪ endl ;
    cin ≪ iR ;
    area = AREA( iR ) ;
    cout ≪ "圆的面积是:" ≪ area ≪ endl ;
    return 0 ;
}
```

提示 使用带参数的宏一定要非常小心。请看下面的例子。

为了在程序中进行圆面积的计算，定义了如下宏：

```
#define PI 3.1415926535897
#define AREA( r )  ( PI * r * r )
```

请问：以上的定义有没有什么问题？

答案：在宏定义中，一般要将字符串内的形式参数用括号括起来，否则很容易产生错误。在上面的宏定义中，字符串内的形式参数 r 就没有用括号括起来。例如，在实际编码中碰到下面的调用语句：

```
double iR = 0,  area = 0 ;
area = AREA( iR + 1 ) ;
```

如果运行时输入 iR 的值为 2，那么经过预处理将宏展开后的形式为：

```
area = 2 + 1 * 2 + 1;
```

这样得到的就是错误的结果！所以字符串中的形式参数最好都加上括号。

2.6.3 条件编译

条件编译是预处理程序提供的另一项功能，作用是根据不同的条件去编译不同的程序部分，从而产生不同的目标代码文件。条件编译有若干种形式，最为常见的是在头文件起到"岗哨"作用的条件编译指令。

例如，读者创立一个头文件 MyClass.h，一般的写法如下：

```
#ifndef  _MYCLASS_H__
#define  _MYCLASS_H__


//头文件包含指令
#include<头文件名>
#include "头文件名"


//变量、函数、类的声明
class {};
……


#endif
```

在上面的头文件中,#ifndef、#define、#endif 就是条件编译指令。它们在这里的作用就是防止该头文件被其他文件重复包含。如果没有这里的预编译指令,那么很容易出现重复包含该头文件的现象,那么就等于出现了变量、函数、类的重复定义,会出现编译错误。

2.7 编程习惯与风格

在学习编程初期就养成好的编程习惯是非常重要的。据了解,印度学生 10 个人编程都是一个样的,而中国学生 10 个人编程基本就 10 个样。对于现代软件工程而言,"规范"要比"个性"更加重要。自己编写的程序不仅要自己看得懂(其实有些人编写完代码后过段时间连自己也看不懂了),还要让别人也能很快看懂,这样更利于交流,从而能够提高工作效率,也利于提高软件的可靠性。

这里强调几点良好的编程习惯:

① 程序要加一定的注释。比如函数的功能、变量的用途等。缺乏必要的注释,会增加别人理解的负担。一般把注释放在语句的开头或右侧。当然,也不可加过多的注释,这样会让程序代码看起来很乱,缺乏整洁感。

② 要采用缩进的格式,而且要根据语句的层次关系采取逐层缩进,这样可使人对代码的层次一目了然,代码也显得工整和美观。

③ 变量的名字要有自注释性,让人能够猜到其意义,不要简单地用 a、b、c、x、y 来随意命名。变量定义好后要进行初始化。

④ 要采用"结对编程"的原则。在某处申请了资源,马上写出对应的释放资源的代码,这样可避免内存泄漏。

IT 小知识——三大独立软件商

独立软件供应商(Independent Software Vendor,ISV)是专门开发、营销和支持软件应用的公司。这些软件供应商,体量庞大,造就了巨大的软件产业,为世界信息化起到了极其重要的作用。

这里介绍一下世界最大、最知名的三大独立软件供应商。

（1）微软（Microsoft）公司

世界最知名的软件公司，家喻户晓的 Windows 操作系统，光环萦绕的创始人、世界首富比尔·盖茨等都是这家公司的标签。

微软公司由比尔·盖茨和保罗·艾伦创立于 1975 年，总部位于华盛顿州的雷德蒙市。他们靠出售 BASIC 解释器起家。1980 年，著名的 IBM 公司选中当时名不见经传的微软公司为其提供 PC 操作系统软件，微软公司收购了一款名为 QDOS 的操作系统软件，经过修改后成为著名的 MS-DOS。通过向 IBM 出售的这款软件，微软公司取得了巨大的成功。公司趁势前行，继续开发了视窗 Windows 系统系列，奠定了自己软件霸主的地位。

微软公司的主要产品有：

① Windows 操作系统系列（桌面、服务器、云计算）。

② 移动操作系统 Windows Phones。

③ 浏览器 Internet Explorer。

④ 办公软件 Microsoft Office。

⑤ 软件集成开发环境 Microsoft Visual Studio。

⑥ 搜索引擎 Bing。

⑦ 数据库管理软件 SQL Server。

⑧ 游戏娱乐，游戏机 XBOX，游戏软件《帝国时代》《模拟火车》等。

⑨ 网络视频与语音通信软件 Skype。

⑩ 平板电脑 Surface。

值得一提的是，虽然微软主要是一家软件公司，但近年来随着消费电子产品市场的持续火爆，微软公司也开始生产一些硬件产品，如 Surface 平板电脑，当然还有它推出已久的 XBOX 游戏机。

图 2-25 所示为微软公司的标志。

图 2-25　微软公司的标志

（2）甲骨文（Oracle）公司

甲骨文公司是全球最大的企业软件公司，总部位于美国加利福尼亚州的红木滩，因其卓越的数据库技术而闻名于世。

数据库是当代信息系统的核心，人类进入信息时代，数据以前所未有的速度膨胀，必须对其进行有效的管理与控制。尤其对于企业而言，数据的重要性远远超过软件本身。数据库作为存放数据的仓库,其本身就集数据的定义、存储、管理于一身,是非常重要的基础软件之一。

甲骨文公司是通过数据库管理软件起家,继而成为大型跨国软件公司的。

20 世纪 70 年代,IBM 公司的研究员最先发表了有关关系数据库的论文,标志着一场数据库革命的开始。但是 IBM 公司迟迟不开发关系数据库系统,而仍旧使用以往的层次数据库。彼时,还只是一个普通软件工程师的拉里·埃里森和其他两名伙伴共同创立了名为"软件开发实验室"的计算机公司,这也是甲骨文公司的前身。他们几人拜读了 IBM 的论文,认识到数据库通用软件开发是一个巨大的机会,于是决定开发自己的数据库管理软件。从此,甲骨文公司占据了开发关系数据库的先机,逐步成长为数据库领域的巨人。

2009 年 4 月,甲骨文公司宣布收购著名的 SUN 公司。SUN 公司因其著名的 Solaris 操作系统和 Java 语言而闻名于世。通过此举,甲骨文公司在硬件平台上的实力得以加强,而且得到了最受推崇的开发语言 Java,在企业软件领域,甲骨文公司的实力得到很大加强。

甲骨文公司的主要产品有:

① 服务器及工具(主要竞争对手为 IBM、微软公司)。

数据库服务器:2007 年最新版本为 Oracle11G。

应用服务器:Oracle Application Server。

开发工具:OracleJDeveloper,Oracle Designer,Oracle Developer 等。

② 企业应用软件(主要竞争对手为德国 SAP 公司)

企业资源计划(ERP)软件:已有 10 年以上的历史。2005 年,并购了开发企业软件的仁科软件公司(PeopleSoft)以增强在这方面的竞争力。

客户关系管理(CRM)软件:自 1998 年开始研发这种软件。2005 年,并购了开发客户关系管理软件的希柏软件(Siebel)公司。

图 2-26 所示为甲骨文公司的标志。

图 2-26　甲骨文公司的标志

(3) 思爱普(SAP)公司

思爱普公司成立于 1972 年,总部位于德国沃尔多夫市,是全球最大的企业管理和协同化商务解决方案供应商、全球第三大独立软件供应商。全球有 120 多个国家的超过 21 600 家用户正在运行着 69 700 多套 SAP 软件。思爱普在全球 50 多个国家拥有分支机构,并在多家证券交易所上市,包括法兰克福和纽约证交所。

1972 年,正是 IBM 公司大型主机风行的时代。而当时所谓的应用软件市场,例如企业用的财务管理软件,才刚在起步阶段。虽然 IBM 公司销售出超大型计算机时会"附赠"这种软件,但通常研发应用软件是客户自己的工作。每位客户都得重新设计相同的软件,花费重金聘请计算机顾问。因此,每次为企业的编程开发都是一次庞大的重复劳动。

　　5位思爱普公司的创始人当时都是IBM德国分公司的软件工程师,他们建议IBM为大企业项目编写现成的软件供企业自由选用,但IBM公司拒绝了这项建议而执意采用定制软件。

　　在自己的"少数派报告"被忽视后,5人决定离开IBM公司自己创业,开发标准软件。1972年4月1日,思爱普公司成立。当时,没有人会想到有一天它会成为世界最大的企业应用软件供应商。

　　思爱普公司是目前全世界排名第一的ERP(企业资源计划)软件,可以为各种行业、不同规模的企业提供全面的解决方案。

　　思爱普公司常用的模块有:

　　① ABAP。这是思爱普公司中最为重要的模块。它是一款高级的编程语言,为程序员提供方便、快捷、无流量压力的工作成效。

　　② 财务管理。

　　③ 人力资源类型。

　　图2-27所示为思爱普公司的标志。

图2-27　思爱普公司的标志

第3章

用C++实现人工智能

3.1 "以赛代练"——区分技能与知识

3.1.1 知与行——技能与知识的区别

　　编程语言的学习,归根到底是技能的学习。技能与知识是有很大不同的,如图3-1所示。知识往往是"知道"或者"不知道"的问题,比如在你眼前放一辆自行车,如果你以前没有见过自行车,就会感到好奇。此时若一个人告诉你,这是自行车,你便从此知道什么是自行车了,你从"不知道"变成"知道"了,在自己的头脑中增加了一点关于"自行车"的知识。如果此时你不仅想知道自行车是什么东西,还想能够骑会它,那么你就需要一定时间的反复练习,经过很多次的尝试—失败—再尝试的过程。这就是技能的学习。由此可见,技能对于一个人来讲是更加宝贵的财富,因为它需要花时间和精力,重复多次才能获得。而知识往往相对容易获得。目前很多大学生就业难,就是知识掌握得多,但是技能太少了。

图3-1　知识与技能的区别

　　知识获得的多,可以让一个人开阔眼界,在人生的道路选择与判断上更加明智,这些往往是看不见、摸不着的比较抽象的财富。技能可以让一个人在现实当中安身立命,是实实在在的一种财富。

　　如果你现在还是一名在读的大学生或者待业人员,那么一条有益的建议是:在自己感兴趣的范围内挑选一样技能来学习。

　　捧起本书的读者,是希望获得利用C++进行软件开发的技能,因此特别需要注意的就是要把C++的学习融入实际的操练过程中。有很多人学着学着,就把C++当成一门学问来学了,这是非常错误的,即使你能把C++高深的语法如数家珍般地讲出来,也不会比一个有万行代码经验的人身价高。

3.1.2 "以赛代练"——技能加速要领

笔者是一个体育迷,只要有时间就关注一下体育新闻或者看一下现场比赛。由于自己从小就打乒乓球,因此对乒乓球最为喜爱。乒乓球是国球,中国运动员实在是太厉害了,以至于赢球不是新鲜事,而输球则会成为重要体育新闻。中国的乒乓球运动员学习打球非常辛苦,也许是中国的教练们水平太高了,给队员灌输的打球的理论多、方法多,队员们不能不慢慢通过练习来消化教练们的指点。欧洲的乒乓球运动员则不一样,他们更多的是"以赛代练":通过多参加比赛来提高自己的球技。他们虽然整体水平比不上中国,但他们却通过这种方式,以较少的练习时间获得了更快的进步、更多的实战经验,从而快速地达到了高手的水平。同时,以瓦尔德内尔为代表的欧洲顶尖高手们,往往把打乒乓球当作一种乐趣,而不是一种青春饭、苦差式;相比较而言,国内的小朋友们练球往往就苦多了,似乎我们总是要以苦为伴。这样是不是有问题呢?

乒乓球中的这些故事,可以给我们的学习带来很多启示。

"以赛代练"的本质就是通过实战来快速提高技能。练习的目的就是为了比赛,所以直接就在比赛中进行锻炼,可以说是手段与目的合二为一。学习软件开发,学习C++,也是一样的道理,最终的目的是为了进行实战开发,创造优秀的软件作品。因此,多参加项目、多实战,可以使自己的技能快速提高,同时所获取的知识也比单纯看书要高效得多、牢固得多。

其实,并非限于软件开发,我们学习任何一门技术,无论是英语口语、金融理财、汽车驾驶、乐器演奏……都有共通的道理,如果你还是一名在校的大学生,尽早懂得这些道理会让你在人生的道路上获益良多。

这里为读者奉献上"技能掌握两大法宝",如图3-2所示。

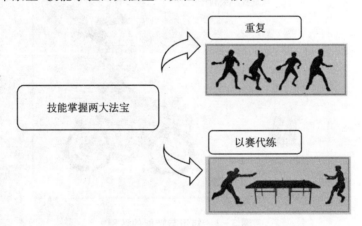

图3-2　技能掌握的两大法宝

技能掌握的核心要领包括以下两个方面。

(1)重　复

技能掌握的最本质途径就是不断地重复。中国的老祖宗们早就将这一真谛记录为耳熟能详的成语——熟能生巧。庖丁解牛、卖油翁的故事都是千百年来关于技能掌握的最好诠释:无它,惟手熟尔!

这一朴素的真理,如果能真正深深地嵌入到您的脑海里,那么它就会化为自信心的重要来源,因为它为我们普通人提供了一条可以超越周围那些聪明人,让自己也跻身优秀甚至卓越的方法论。我们从小被灌输的"刻苦、努力"之类的劝诫,从本质上讲都是要在重复上下功夫,因为技能学习期间的这个重复过程,是很辛苦的,有时候会感到疲惫、厌倦,所以才要去"刻"这些苦;否则,谁愿意白白去吃苦呢?

还有一点须要注意,这里的重复,绝对不只是日复一日的简单重复,而是遵循着"尝试—失败—总结—再尝试—成功—新一轮尝试"这样一个螺旋上升的过程。

(2) 多实战,"以赛代练"

我们的教育缺陷往往在于:学习了太多以后一辈子都不会用到的东西。这实在是一种低效的学习方式。正确的方式是有选择式学习。通过"以赛代练"的方式,通过实战的锻炼让我们去学习真正"有用"的知识。因为知识有没有用,只有通过实战来衡量。所以读者朋友们,对学习包括 C++在内的任何编程语言,尽快把基本语法学习好了之后,自己萌生出一些哪怕很小的想法,而后通过编程实现之,或者更幸运一点,能够参与到学校或公司中的一个实际项目。这样,自己的技能发展速度将是飞快的。千万不要把自己弄成个"语法专家",抱着几本老外写的所谓"圣经""宝典"大部头一啃到底。

经验分享:精深掌握一门技能是安身立命的重要保障

笔者以前上高中的时候非常喜欢文科,特别喜欢看各种各样的书籍,自认为是一个博学者。后来上了大学还是带着文科的思维,读书广而杂。虽然自己学的是理工科,可却像个文科生一样,什么都知道一点,其实什么也不精通。身边一些同学,虽然知识面不及笔者,但是在一个点上钻得非常深,比如有的同学特别喜欢 C 语言编程,自学了很多书籍,有的同学则特别喜欢电子设计,参加电子设计竞赛取得了好成绩。而笔者感觉似乎什么都不太会,渐渐地就有点不自信了。后来感觉到,必须要下功夫,精深地掌握一门技术,才能让自己自信起来。笔者虽然愚钝,但是确实做到了坚持,总算对计算机相关技术做到了较为精通,也找回了自信。

我们大部分人是普通人,没有显赫的背景和家势,要想在中国这样一个竞争非常激烈的社会中安身立命,脚踏实地地掌握一门或几门技术是至关重要的。能够趁年轻多在技能培养上多下点功夫,将来的回报必是丰厚的。

秉承上面的价值观、学习观,本书通过一个贯彻始终的例子来具体讲解 C++的方方面面,让大家在实例的牵引下真正学习到有用的知识。支离破碎的语法对读者的意义并不大,已经有太多这样的书了;全是实例的宝典类,往往就是粘贴的代码合集,虽增加了书的厚度,却并没有增加读者认知的深度。

3.2　最酷的计算机科学分支——人工智能

既然要用一个例子来帮助大家学习 C++,那就得选一个酷一点的例子,思来想去,笔者感觉通过人工智能的例子来讲解最好不过了。这一最酷的计算机科学分支,既有艰深高端的理论,也有异彩纷呈的实践应用,相信读者也会喜欢用它来和 C++结合起来讲。

为了把我们要完成的任务的前因后果彻底搞清楚,我们首先还是从人工智能的一些基础知识说起。

　　人类社会发展至今,科技取得了突飞猛进的发展。但与此同时,这个世界上还有许多未解之谜。这其中,有两大科技奥秘一直是人类试图解决但始终无法解决的基本问题:一个是宇宙的问题,另一个则是人类的智能,如图3-3所示。

图 3-3　两大科学奥秘

　　关于智能问题,不同学科背景的研究者从不同的角度出发给予不同的解释,并企图通过人工的方式对智能进行模拟,人工智能(Artificial Intelligence)就是在这样的背景下产生的。从一开始它就是一门交叉学科,但主要还是落脚于计算机科学研究领域,因为计算机也称为"电脑",它是继机械、通信后,对人类智力的一种延伸的辅助工具。

　　人工智能这个术语于1956年正式提出。那一年的夏天,在美国达特茅斯大学,10位年轻的科学家聚在一起,举行了一次为期两个月的夏季学术讨论会。这10位来自美国神经学、心理学、数学、计算机科学、信息科学方面的杰出青年科学家,一起探讨了如何利用机器模拟人类智能的问题,并由会议的发起者——麦卡锡提议采用"人工智能"这一术语,这样计算机科学最酷的一个分支就诞生了。此后几十年里,虽然也经历了起起伏伏,但伴随着计算机越来越强大的处理能力,人工智能最终还是发展成为了计算机领域最炙手可热的学科,大量的研究人员投身其中。与此同时,人工智能技术也逐步融入并改变着普通人的生活,如医疗专家诊断系统、人脸识别、语音识别、人机博弈、电子游戏等。

3.3　人工智能的基本技术

　　人工智能虽然取得了很多成就,但仍然是一个正处在探索和发展的领域,分支众多。要对人工智能做一个全面的综述,已经超出了本书的讨论范围。人工智能在本书中,只是作为一个学习C++的载体,而顺便引起读者深入研究的兴趣。如果你看了本书,除了懂了点C++,还有了去读个人工智能方面的硕士或博士的冲动,那就是本书最大的意外收获了。

　　如果要进行人工智能方面的研究或软件开发,有一些基本的技术需要了解和掌握。下面我们来做个简要的介绍。

　　(1)知识表示技术

　　知识表示是人工智能最为基础的技术。圣哲有云:知识就是力量。知识是我们人类智慧的基础,做出任何的创造性工作之前,都要积累一定量的知识,无论这种知识是以理论形式还是以经验形式存在。在人工智能领域,知识表示就是指知识这一抽象的概念在计算机中的表示方法和形式。为了使计算机能够存储知识,往往要建立所谓的"知识库",其形式类似于数据库,可以通过数据库的相关技术来进行知识的组织、管理、维护、优化等操作。

（2）推理技术

人不能简简单单只做个"大书橱"。也就是说，不能只记录知识，而不会运用知识。人类的智力活动中重要的一个环节就是从某些前提假设出发，进行逻辑推理。通过推理，可以获得有意义的结论，从而为主体的行动做出指导。因此，推理技术是人工智能的基本技术之一。

（3）搜索技术

搜索技术，就其本质而言是对推理进行引导和控制的技术。智能活动的过程，可以被看作一个"问题求解"的过程，在此过程中，在可能的解决空间中进行有效的搜索从而逐步向问题的最终解逼近。比如，你和计算机下象棋，轮到某一方走子的时候，都会有很多种走法（备选解决方案），此时智能活动的过程就是要搜索出一个最佳方案使己方利益最大化而对方利益最小化，在此过程中，搜索技术扮演着重要角色。

（4）归纳与联想技术

归纳技术是指机器能够从数据中自动提取概念、寻找规律的技术，是机器具有学习能力的关键所在。归纳可以分为基于符号处理的归纳和基于神经网络的归纳。目前，基于神经网络归纳的研究方法比较火热。

与归纳相比，联想就更加抽象和高级了。"人类失去联想，世界将会怎样"，这是一代人记忆中的广告语啊。联想是人类创造力的根本来源，要想让机器也具备此能力，是非常困难的。

总而言之，人工智能是一个博大精深的领域，里面包含非常多的理论与技术。这里只是进行简要说明，让读者有个基本认识。这本书中，仅涉及基本的知识表示与推理技术，至于归纳与联想等非常高级的内容，感兴趣的读者可以参阅相关书籍进行深入研究。

3.4　专家系统

3.4.1　专家系统介绍

人工智能提出的早期，一些创始人曾经过于乐观地估计了该学科的发展。随后的一段时间，一系列问题的出现使得该学科陷入了一定的困境。在 20 世纪 60 年代中期，当大多数人工智能学者正热衷于对人机博弈、定理证明等进行研究时，另外一个非常重要的领域——专家系统已经悄悄地开始孕育。正是由于专家系统的兴起，才使得人工智能在后来出现的困难与挫折中很快找到了前进方向。可以说，专家系统的出现，才使得人工智能真正走向实用，从而奠定了专家系统在人工智能领域中举足轻重的地位，成了人工智能最重要的也是最活跃的一个应用领域。

专家系统是一个智能的软件系统，它包含大量针对某个领域的、专家级水平的知识与经验，能够模拟人类专家来解决某个特定领域的问题。

第一个专家系统是诞生于 1965 年的 DENDRAL，从那以后的 50 年内，难以计数的专家系统相继出现，被广泛地应用于人类生产与生活的各个领域，典型的应用领域有医学、矿业、教育、农业等。

专家系统有以下几个重要的特点：

① 从处理问题的性质看，专家系统善于解决不确定性的、非结构化的、没有算法解的困难问题，如医学诊断、管理决策、市场预测等。

② 从处理问题的方式看，专家系统主要靠知识和推理来解决问题，而不像传统的计算机软

件系统那样靠固定的算法来解决问题。这一点体现出了专家系统的智能性。

③ 从系统的结构看,专家系统强调"知识"与"推理"的分离。通过这种分离,就可以不断地向系统中添加新的知识和经验,而无需对整个程序做大的改动,使得系统具有非常好的灵活性。

④ 专家系统不会像人类专家那样出现疲劳、遗忘、易受情绪影响等问题,它是全天候 24 小时在岗的,并且得始终如一地保持高水准。

总之,专家系统是高水平知识与劳模的结合体,如图 3-4 所示。

图 3-4　博士的知识水平与劳模的
完美结合——专家系统

3.4.2　专家系统的结构

这一节介绍一下专家系统的构成。

专家系统的典型结构如图 3-5 所示,其中箭头方向代表信息流动的方向。从图中可以看出,一个专家系统通常由人机交互界面、知识库、推理机、解释器、综合数据库、知识获取 6 部分构成。

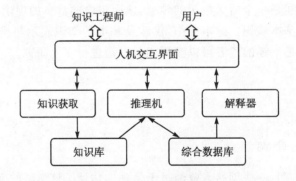

图 3-5　专家系统的构成

须要指出的是,专家系统的构成当中,知识库、推理机、人机界面往往是不可或缺的,其他的模块则可以在适当的情况下进行简化。

人机交互界面是专家系统与用户进行交流时的界面。通过该界面,用户输入基本信息、回答系统提出的相关问题以便让专家系统获取信息来进行推理和判断。知识工程师也是通过人机交互界面来对专家系统的知识进行管理,以便使专家系统的知识能够"与时俱进"。系统输出推理结果及相关的解释也是通过人机交互界面来显示,以便外界能够明确地看到专家系统是如何得出结论的。

知识库是专家系统的核心组成部分,它是问题求解所需要的领域知识的集合,包括基本事实、规则和其他有关信息。知识的表示形式可以是多种多样的,包括框架、规则、语义网络等。知识库中的知识源自于领域专家,是决定专家系统能力的关键,即知识库中知识的质量和数量决定着专家系统的质量水平。须要注意的是,专家系统中的知识库与专家系统程序是相互独立的,用户可以通过改变、完善知识库中的知识内容来提高专家系统的性能。这也是专家系统的优点之一。

推理机是实施问题求解的核心执行机构,它实际上是对知识进行解释的程序,根据知识的语义,对按一定策略找到的知识进行解释执行,并把结果记录到动态库的适当空间中。推理机的程序与知识库的具体内容无关,即推理机和知识库是分离的,这是专家系统的重要特征。它的优点是对知识库的修改无须改动推理机。推理机的具体推理方式有正向推理和逆向推理两种方式。

知识获取类似于人类通过学习来获取知识一样,它负责建立、修改和扩充知识库,是专家系统中把问题求解的各种专门知识从人类专家的头脑中或其他知识源那里转换到知识库中的一个重要环节。知识获取可以是手工的,也可以采用半自动或自动知识获取方法。

综合数据库也称为动态库或工作存储器,是反映当前问题求解状态的集合,用于存放系统运行过程中所产生的所有信息,以及所需要的原始数据,包括用户输入的信息、推理的中间结果、推理过程的记录等。综合数据库中由各种事实、命题和关系组成,既是推理机选用知识的依据,也是解释机制获得推理路径的来源。

解释器用于对求解过程做出说明,并回答用户的提问。两个最基本的问题是"why"和"how"。解释机制涉及程序的透明性,它让用户理解程序正在做什么和为什么这样做,向用户提供了关于系统的一个认识窗口。在很多情况下,解释机制是非常重要的。为了回答"why"得到某个结论的询问,系统通常需要反向跟踪动态库中保存的推理路径,并把它翻译成用户能接受的自然语言表达方式。由于具有推理过程的可解释性,专家系统往往可以给用户更多可依赖的感觉。这一点,人工智能的另一个重要的子领域——神经网络则相对欠缺,因为神经网络的学习过程缺乏可解释性,对用户是不透明的。

3.5　用 C++实现的专家系统——贯穿全书的工程

以上介绍了人工智能的重要领域——专家系统的基础知识。相信读者通过上面的介绍,已经对这个领域充满了兴趣,想尽快动手自己制造出一个专家系统。不用急,我们这整本书基本上就是围绕如何实现一个简单的专家系统而展开的。

专家系统本质上是一个计算机程序,因此我们可以通过不同的编程语言来实现。从知识表示的层次上来讲,实现专家系统最好采用面向对象编程语言。由于我们的目的是学习 C++语言,因此我们利用 C++语言来开发一个专家系统,通过这个过程,既掌握了 C++的基本编程方法,也学会了计算机科学中人工智能方面的有用知识。

3.5.1　项目介绍——高考专业报考专家系统

高考是每一位中国考生人生中的一件大事,关系到考生的前途与命运。在高考成绩最终知晓以后,专业的选择是关键环节,往往一个好的专业比一个好的学校更加重要。专业决定了一个人时间与精力的付出,是具有方向性的,转换专业往往要比转换学校付出更多的代价。

如果专业选择不当,会给学生未来的学习带来无尽烦恼与痛苦,对职业生涯造成重大损失。事实上,中国每年的高考考生中,都有大量的学生进入到不喜欢的专业中进行学习,这对于学生而言,是时间和才智的浪费,同时造成教育资源的效用低下。很多学生没有在对自身情况进行充分分析的情况下,盲目报了一些专业,最终却发现对自己并不适合,此时却发现悔之晚矣。

因此,如果能够开发一款针对考生个人具体情况进行专业选择分析的专家系统,无疑具有非常重要的价值。因此,我们将开发一款简易的高考专业报考专家系统,并通过分析学生的性格、兴趣、特长等来提供有指导意义的专业推荐,如图 3-6 所示。

图 3-6　高考考生通过专家系统选择理想的专业

3.5.2　高考专业报考专家系统的架构设计

在本书中所设计的专家系统由以下几部分构成。

知识库：用来存放多条规则和知识，以 IF-THEN 的形式存储。

事实库：其实质类似于前面所提到的综合数据库，我们用它来存放用户的输入事实，及一些系统运行需要的概念，如专业名称等。这里请读者注意事实库与知识库的区别。我们生活中到处都是"事实"，但不一定都是"知识"。"知识"是更加系统化、规律化的事实，即它描述的是"事实"之间的因果联系。事实库作为系统进行推理和判断的依据。

推理引擎：也就是前面提到的"推理机"，用来匹配系统规则，从而触发推理过程，是系统运行的关键环节，是整个系统的"思维中枢"。

用户界面：主要用来与用户进行交互并显示相关解释信息。

本书中所要建立的高考专业报考专家系统的结构如图 3-7 所示。

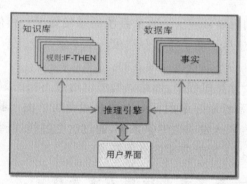

图 3-7　专家系统的构成

3.6　本书其余章节的安排与学习内容

在后面的章节中，每一章都先介绍 C++ 编程的相关知识，同时在每一个基础知识章节的后面，利用所学到的 C++ 编程知识，逐步实现高考专业报考专家系统，最后在本书的附录中，给出整个系统的完整源代码。

在介绍 C++ 编程知识与专家系统的项目实践中，本书奉行的是"简单、有效、稳健"的哲学，力求使来龙去脉清晰易懂。本书的目的是：把 C++ 变得简单易懂。

同时，本书也对 C++ 中的高级知识进行了深入浅出的讲解，通过这些内容的补充，相信可以使读者真正进入 C++ 的大门，并大踏步地向中高级水平的目标迈进。

第 4 章

程序处理的对象——数据

4.1　加工对象——数据概述

4.1.1　数学抽象角度

　　程序设计是用于干什么的呢？无非就是对数据进行处理。我们从事科研和工程项目，首先当然是结合领域知识对问题进行分析，而后进行数学建模，最后通过计算机进行处理。在计算机的世界里，数据代表了对数学模型的数字化抽象，同时也代表了信息。结合我们的日常生活，可以想到我们周围充满了各种各样的数据——文字、数字、声音、图像、图形、动画以及更复杂的多媒体数据。编写程序的目的就是要好好处理一下这些数据。虽然数据的种类很多，但归根结底，最基本的两种数据类型是数字与字符，如图 4-1 所示。

　　作为成熟的程序设计语言，必然要对这两种基本数据类型有很好的抽象与处理能力。

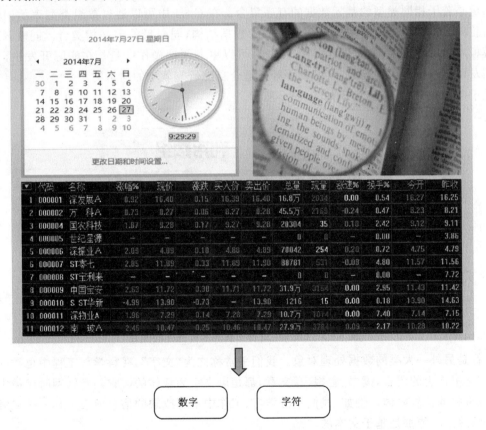

图 4-1　生活中需要同各式各样的数据打交道，最基本的是数字和字符

对于数字而言,在科研和工程中,必然打交道的是标量和向量两种类型。我们平时遇到的基本类型,如单个的 int、float 类型的变量就是标量。标量非常简单,是最基本的数字类型。它是组成向量和更复杂类型的基础。

向量,也称为矢量,我们在高中和大学中和它已经打过很多交道,那时候我们主要是做做习题,除此之外也没有感觉到它还有什么特别重要的地方。但当读者朋友真正进入科研和开发领域,就会发现向量是多么重要。比如现在非常火爆的机器学习、数据挖掘技术,无时无刻不需要同特征向量打交道。做图像的朋友都知道,图像本身就可用向量的集合来表示。做机械、自动控制、力学的朋友,则需要利用向量来表征物体的运动状态。

数字的两种类型如图 4-2 所示。

图 4-2　数字可以分为标量和向量两大类,其中向量具有更重要的作用

向量是若干相同类型的基元数据的有序集合。在 C++ 中可以通过数组类型表示向量。数组是由相同数据类型的变量按先后顺序组成的数据结构,同向量的定义相契合。同时,C++ 的标准模板库 STL 中提供了向量容器类 vector,可以更方便地操作向量。在实际开发中,各行各业的朋友可以根据自己的需要,自己动手开发适合自己研究领域的向量类。

关于向量在 C++ 中的实现如图 4-3 所示。

图 4-3　C++ 中进行向量表示和操作的途径

字符是另外一大类的数据处理对象。我们平常称之为"文字",在科学与工程中也常称为"文本"。它是书面上的语言,读书、看报、写文章,都是以文字为载体的。它是互联网时代最常见、最基本、最重要的信息载体。例如,我们平时学习、工作中不可或缺的信息搜索工具——搜索引擎,大部分的搜索功能都是基于文本的。

图 4-4 是互联网中所用到字符的最常见情形。

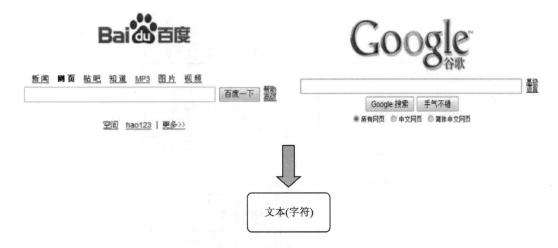

图 4-4　搜索引擎的大部分搜索任务是基于文本(字符)的

在 C++中是通过字符与字符串的形式进行表示和处理文本。其中字符串等价于单个字符构成的数组。从这里可以看出数组在数据表示中的基础性作用。熟练使用字符操作的方法对于编制 C++程序具有重要意义,能够体现出程序开发的功力。

> **经验分享:多多练习一些字符操作的题目**
>
> 字符是互联网中最重要的信息载体,因为它承载着语言信息。尽管当前图片、视频等载体越来越多,但字符(文本)仍然具有最重要的地位。同时,对字符的编程可以涉及很多数据结构、算法方面的知识,可以充分检验一个人的程序开发能力,因此许多公司(如著名的微软公司和其他一些著名的互联网公司)都喜欢出字符处理方面的笔试、面试题。建议读者朋友多搜集一些字符、文本处理方面的笔试、面试题,集腋成裘,这样既可以学到知识和技能,同时也为以后找工作、换工作打下基础。

除了数值和字符外,C++中还有几个特殊的变量类型:

① 布尔型变量,用来进行逻辑判断和计算。

② 地址变量,被称之为指针。它代表某一个变量的地址。

③ 空类型,在 C++中的关键字是 void。

这些变量类型在数学抽象层面并不能与上面提到的数字和字符类型的重要性相提并论,但是在程序开发中也具有不同程度的作用。本书在后面需要的时候,会再进行相应介绍。

以上是从数学抽象的层面出发,介绍了 C++中的数据类型。这也是设计编程语言的出发点。首先必须从现实世界抽象出数学模型,然后要通过计算机语言对数学模型中的要素进行表示,从而成为能在计算机上处理、加工的对象。

图 4-5 展示了从数据属性层面来看,C++中设计的数据类型。在认识程序语言时,应从数学抽象角度出发,而不是从计算机编程语言本身出发。

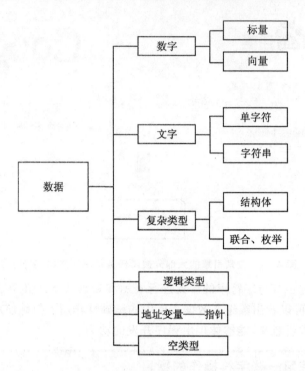

图 4-5　从数学抽象的角度看 C++ 中数据类型的分类

┌───┐
│ **经验分享：数学是王道**
│
│　　天下武功出少林，天下理工出数学。计算机学科最早是由数学家们创立起来的。算法
│永远是计算机科学的核心，因此良好的数学素养对于成为 IT 高端人才具有重要意义。微
│软公司中国总裁张亚勤曾提到：微软公司招聘人才的标准是"三好"，即数学好、编程好、人品
│好。足见数学基础对于一个从事 IT 研发的人员具有良好的职业助推作用。那么，怎样才
│算是数学好呢？怎么才能算是具备了良好的数学素养了呢？笔者的感觉是，把大学中的数
│学分析、线性代数、概率统计与随机过程这三门课学得很精、能够灵活运用，同时能够做一些
│数学建模方面的练习，就算是不错了。至于更高深的知识，可以根据你具体从事的职业来进
│行专门的深入研究。比如，你要从事网络安全相关工作，就要好好学习密码学、数论等方面
│的知识。
└───┘

4.1.2　计算机角度

　　计算机编程语言的作用，就是完成从抽象数学模型到计算机具体表示的映射。在这个过程
中，显然编程语言起到的是一个桥梁的作用。上一小节，我们是从数学抽象的层面，自上向下的
来看待编程语言，这个角度是宏观的、抽象的。但与此同时，我们也必须从计算机的角度来认识
编程语言。因为计算机是为了解决问题最终要使用的平台。

　　这里的一个关键问题在于：计算机的资源始终是有限的。

　　例如，在数学的世界里，整数的范围是无限的，可以取任意大的值来表示我们要研究的变量，
然而在编制程序的时候，则要小心，因为计算机表示整数的大小是有范围限制的，这与某台计算
机具体的字长有直接关系。比如，在一台 32 位机上，如果你定义了一个整数型变量，而后用它表

示一个 1 000 亿的数(这其实也算不得多大的数,比中国现在每年的 GDP 数值还小),那么就会发生"溢出",程序最终会给出错误的结果。

图 4-6 直观地展示了数字世界到计算机世界的映射。

数学模型（理想世界）　　　　　　　　　　　　计算机，资源受限（现实世界）

图 4-6　编程语言是从"理想世界"到"现实世界"的一个桥梁

C++作为编程语言,要体现出从"抽象的数学世界"到"现实的计算机世界"的转换。C++是一种强类型语言,也就是任何变量都必须"先定义再使用",不定义就直接使用会出现编译报错。

在 C++中,"定义"变量的过程其实就是完成上述映射的过程。比如下面的编程语句:

```
int num;
```

这里定义了一个变量 num,这其中有两方面的含义:

① 这是一个整数类型的变量,对应于数学中"整数"的概念,可以进行整数相关的操作。

② 此变量只能表示该计算机中整数所能存储的范围。例如,你的计算机是 32 位系统,那么这里定义的变量 num 最多只能表示到 $2^{32}-1$ 大小的整数。

这就是从"抽象数学世界"到"计算机现实世界"的映射。每当在 C++开发系统中定义了一个变量,那么这个变量所代表的数学意义和它在所要运行的计算机上所能表示的数的大小都确定下来了。

显然,对于一个变量的数学意义,读者估计是非常清楚的,有高中的数学知识就能理解其意义。这里的关键问题在于,你是否非常清楚每种变量类型在计算机中所能表示的范围。这对于编程者而言非常重要,因为数据溢出是非常严重的错误。如果你是进行嵌入式编程开发的,那么少占用内存则意味着少消耗资源。熟悉变量的内存分配,是对优秀的 C++程序员的基本要求。

总体而言,从计算机角度看,C++的数据类型可以分为基本数据类型和非基本数据类型。

基本类型如最简单的整型、字符型、浮点型等,是语言内置的,其所占用的内存是确定的。

非基本类型都是在基本类型的基础上构建的,是根据用户的需求构造出来的,为的是表示更加复杂的数据。比如开发网络程序,其数据包的定义需要根据所在实际工程中到底需要传输什么信息来构造。

每种基本类型所占用的内存,根据所用的编译器具体来规定。

非基本类型由于是基本类型的组合,需要占用更多的内存,而且往往需要优化。

图 4-7 所示是从计算机角度对 C++数据类型的概览。

提示　在编程时一定要仔细想清楚,防止数据溢出。

数据溢出是一种严重的错误。著名的"千年虫"问题归根到底就是由于数据的溢出造成的。

举个最简单直观的例子。假如现在给出一台计算机,最多只能表示两位整数,也就是说,最大只能表示到 99。如果在程序运行中,某个变量 a 的值已经到了 99,此时执行一个 a++操作,本意是要使 a 变为 100,但由于机器限制,则最高位的 1 被无情舍弃,只剩下后两位的 0,结果 a 成了 0。此时发生了数据溢出,程序出错。如果程序运行在关键场所,比如金融系统,则可能造成重大的经济损伤。

　　数据溢出是最典型的"现实与理想"的冲突，即计算机表示与数学抽象含义的矛盾。在编程的时候，要对自己程序中所有的数据有一个判断，确保使用绝对安全范围的数据类型来表示。

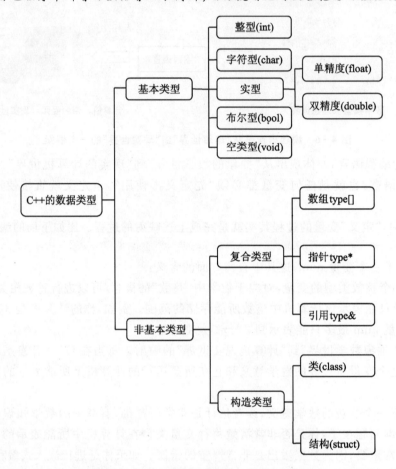

图 4 - 7　从计算机角度看 C＋＋的数据类型

┌───┐
│ **经验分享：从计算机角度认识数据类型的关键是认识其内存结构及表示范围**   │
│　　计算机是资源受限的计算系统，其内部数据表示都受到计算机固有属性的限制。认识到计算机表示数据的内存结构和范围，能够更加深刻地理解计算机的原理和利用计算机解决问题的工程化思想。一般化的 C＋＋的教程中对于数据类型的介绍流于泛泛，学习者应当清醒地认识到，对于计算机内部数据的理解一定要结合计算机的结构，这样才能够加深和提高很多认识。│
└───┘

4.1.3　基本数据类型的内存映像

　　在计算机中，字节(byte)是内存编址的基本单元，每字节含 8 位(bit)。考查一个变量占用了多少内存空间，即看它占用了多少字节。

　　C＋＋中提供了 sizeof 运算符，可以得到数据类型在计算机中所占用字节的大小。比如在 Visual C＋＋ 2010 中输入如下的代码：

```
# include <iostream>
using namespace std;

int main( void )
{
cout << "布尔类型的大小:" << sizeof( bool )  << "字节" << endl;
cout << "整数类型大小:"  << sizeof( int )   << "字节" << endl;
cout << "字符类型大小:"  << sizeof( char )  << "字节" << endl;
cout << "单精度类型大小:" << sizeof( float )  << "字节" << endl;
cout << "双精度类型大小:" << sizeof( double ) << "字节" << endl;
return 0;
}
```

编译运行,在笔者的计算机上运行的结果如图 4-8 所示。

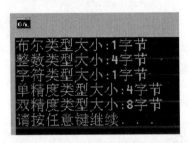

图 4-8   C++基本数据类型所占内存的大小

笔者所使用的为 32 位编译系统。上面的结果,是大部分 32 系统的结果。

字符类型一般只占 1 字节,等价于一个"小的"整数类型。整数类型一般占 4 字节。单精度浮点数占 4 字节(虽然和整数型占用内存一样大,但是由于内部对数的表示机理不一样,它可以表示更大数值范围的实数)。双精度类型一般都是占用最多内存的,在 32 位系统一般占用 8 字节。

值得注意的是布尔类型。虽然其只有 true 和 false 两种可能的值,按理说只需要 1 位就可以表示了(1 代表 true,0 代表 false)。但在计算机的世界里,字节是最小的内存编址单位,所以一个布尔变量也要占 1 字节的内存,相当于浪费了 7 位。

C++中有一个 void 类型,即"空"类型。它的含义是此类型的大小在编译时无法确定,因此不能应用 sizeof 运算符。

4.1.4   结构类型的内存映像

除了基本的数据类型,C++还提供了构造类型的数据。构造类型是在基础数据类型的基础上,为了开发者可以根据自身需求而能够灵活构造数据所提供的。C++里最典型的构造类型是结构体(struct)和类(class)。许多书籍也将类称为"抽象数据类型"(Abstract Data Type,ADT)。但是,在学习 C++的时候,最好不要把类看作一种数据类型。在本书的体系中,也没有把类看作数据类型,而是比"函数"更高级、更抽象的一层单元。这在后面的章节会进行详细讲解。

在本书中,只将"结构体"作为主要的构造类型数据。

构造类型实际上就是由不同的数据类型搭建起来的,就像搭积木一样,因此也将结构体(struct)称为"复合类型"。复合类型的成员可以是 C++中合法的任意类型。但是并不能将结构体所占用的内存简简单单地视作其成员的内存之和。请看下面的例子。

```
#include <iostream>
using namespace std;

struct        S
{
    char      a;
    int       b;
    double    c;
};

int main( void )
{
    S   st;
    cout << "成员 a 的大小:"   << sizeof( st.a )   <<"字节" << endl;
    cout << "成员 b 的大小:"   << sizeof( st.b )   <<"字节" << endl;
    cout << "成员 c 的大小:"   << sizeof( st.c )   <<"字节" << endl;
    cout << "整个结构体大小:"<< sizeof( st )     <<"字节" << endl;
    return 0;
}
```

程序运行结果如图 4－9 所示。

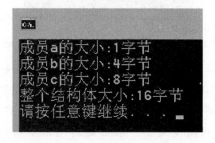

图 4－9　C＋＋结构体内存测试 1

从运行结果看到,尽管结构体类型 S 的三个成员变量所占的内存分别是 1 字节(char)、4 字节(int)和 8 字节(double),但是整个结构体所占内存并不是 1 字节＋4 字节＋8 字节＝13 字节,而是 16 字节!

这是怎么回事呢?

原来这是 C++中的一种"内存对齐机制"。再看一个例子:

设有以下两种结构的定义:

```
struct st1          struct st2
{                   {
    int i;              char c;
    char c;             int i;
    short s;            short s;
};                  };
```

上述两种结构体在内存中占用的字节各是多少呢,即 sizeof(struct st1)和 sizeof(struct st2)的值分别是多少? 下面编写程序测试一下。

```
# include <iostream>
using namespace std;

int main( void )
{
    st1 s1;
    st2 s2;
    cout << "结构体 1 的大小:"  << sizeof( s1 )  << "字节" << endl;
    cout << "结构体 2 的大小:"  << sizeof( s2 )  << "字节" << endl;
    return 0;
}
```

程序运行结果如图 4-10 所示。可见结果是:8,12。两种结构体中的各个数据成员的数据
类型完全相同,但是由于其在结构体中定义的顺序不同,因而造成了结果的很大差异。

这些都涉及 C++中 struct 结构的内存对齐机制问题,如果不了解其内存布局,则根本无法
搞懂结果为什么会是这样。就根本上而言,内存对齐机制是同计算机的体系结构与运行原理联
系在一起的,是为了使 CPU 高效访问内存而存在的机制。

在具体实现时,结构体的内存布局依赖于 CPU、操作系统、编译器及编译时的对齐选项。

对于结构体内部成员,通常会有这样的规定:各成员变量存放的起始地址相对于结构的起始
地址的偏移量必须为该变量的类型所占用的字节数的倍数。但是也可以看到,有时候某些字段
如果严格按照大小紧密排列,根本无法达到这样的目的,因此有时候必须进行填充。各成员变量
在存放的时候根据在结构中出现的顺序依次申请空间,同时按照上面的对齐方式调整位置,编译
器会自动填充空缺的字节,如图 4-11 所示。

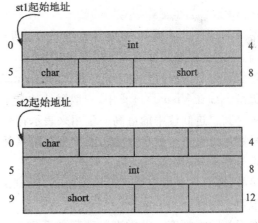

图 4-10　C++结构体内存测试 2　　　　　　图 4-11　C++结构体内存对齐机制示意

图中 st1 对指向的变量内存区域,第一个为 int 型,占用 4 字节;第二个为 char 型,其偏移量
为 4,char 所占用的字节数为 1,则偏移量是其占用字节数的倍数;第三个为 short 型,占用字节
数为 2,如果其紧随前面的 char 变量存储,那么它的前面已有字节为 5,不是 2 的倍数,所以 char
后面需要填充 1 字节,使得 short 的起始地址为 6,所以对齐后,该结构体共占用 8 字节。同理可
得 str2 占用 12 字节。

4.2　数字之标量——基本类型

4.2.1　基本类型概述

就整体而言,C++中的数字分为整数与浮点数两种,分别代表了数学概念中整数与实数的概念。

C++中标量数字分类如图4-12所示。

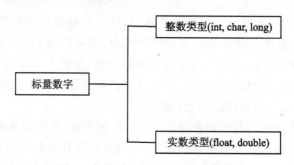

图4-12　C++中标量数字的分类

(1) 整数类型

整数类型(常简称为"整型")是 C++编程中最基本、最重要的数据类型。其最基本的定义是:

```
int  i ;     //定义了一个整型变量i
```

不同的计算机系统中,整型具有不同的长度,可以表示不同的范围,开发者在相应平台开发软件前,一定要仔细阅读编译器的具体说明。

整型可以分为有符号(signed)和无符号(unsigned)两种。不同的编译器会指定其中一种为默认类型。如在 Visual C++中,一般默认的是 signed,即有符号整数类型。两者的差别在于:有符号数将其二进制位中的最高一位用来表示符号,而无符号数则全部用来表示数值。这样一来,有符号数可以是正整数、负整数;无符号数则只是正整数。如果要表示的数据是非负的,则最好用无符号整型来表示。

另外,还有一些限定词可以用于整型,如 short 和 long,不同的编译系统有不同的长度规定,但一般而言应保证:short <= int <= long。

在 C++中,还有一些类型与整型关系密切,这些类型虽然字面含义并不是表示整型,但实质上都是整型的变体,它们是:字符型(char)、枚举型(enum)、布尔型(bool)。

(2) 实数类型

在 C++的实数类型中,可以分为单精度实型(float)和双精度实型(double)两种。

float 单精度浮点型数据,在内存中占 4 字节。

double 双精度浮点型数据,在内存中占 8 字节。

在计算机内部,浮点数是以国际标准 IEEE754 的形式表示的。该标准将浮点数分为三个段。第一段是符号段,总是占据 1 位,第二段是阶码段,第三段是尾数段。

之所以称为浮点数,是指小数点在数据中的位置可以左右移动的数据。它通常被表示成:

N = M * RE

其中,M(Mantissa)被称为浮点数的尾数;R(Radix)被称为阶码的基数;E(Exponent)被称为阶的阶码。

    计算机中一般规定 R 为 2、8 或 16,是一个确定的常数,不需要在浮点数中明确表示出来。因此,要表示浮点数,一是要给出尾数 M 的值,通常用定点小数形式表示,它决定了浮点数的表示精度,即可以给出有效数字的位数;二是要给出阶码,通常用整数形式表示,它指出的是小数点在数据中的位置,决定了浮点数的表示范围。浮点数也要有符号位。在计算机中,浮点数通常被表示成如下格式:

S	E	M

其中,S 是尾数的符号位,即浮点数的符号位,安排在最高一位;E 是阶码,紧跟在符号位之后,占用 m 位,含阶码的一位符号;M 是尾数,在低位部分,占用 n 位。

    在 IEEE 标准中,浮点数是将特定长度的连续字节中所有二进制位分割为特定宽度的符号域、指数域和尾数域三个域,其中保存的值分别用于表示给定二进制浮点数中的符号、指数和尾数。这样,通过尾数和可以调节的指数(所以称为"浮点")就可以表达给定的数值了。具体的格式参见图 4-13。

IEEE 单精度浮点数

符号 Sign	指数 Exponent	尾数 Mantissa
1位	8位	23位

IEEE 双精度浮点数

符号 Sign	指数 Exponent	尾数 Mantissa
1位	11位	52位

图 4-13   C++中浮点数的表示

在上面的图例中:

第一个域为符号域,其中 0 表示数值为正数,而 1 则表示负数。

第二个域为指数域,对应于之前介绍的二进制科学计数法中的指数部分。其中单精度数为 8 位,双精度数为 11 位。以单精度数为例,8 位的指数可以表达 0～255 共 256 个指数值。但是,指数可以为正数,也可以为负数。为了处理负指数的情况,实际的指数值按要求需要加上一个偏差(Bias)值作为保存在指数域中的值,单精度数的偏差值为 127,而双精度数的偏差值为 1023。比如,单精度的实际指数值 0 在指数域中将保存为 127;而保存在指数域中的 64,则表示实际的指数值-63。偏差的引入使得对于单精度数,实际可以表达的指数值的范围就变成了-127～128(包含两端)。

4.2.2　基本类型上可施加的运算处理

1. 基本运算

算术运算符：＋、－、＊、/（整除）和 ％（取余）。

自增、自减运算符：＋＋、－－。

提示　自增运算符"＋＋"对操作数执行加 1 操作；自减运算符"－－"对操作数执行减 1 操作。由于该类运算符比等效的先加 1、减 1 再赋值的代码运行效率要高，因此应尽量多使用。

运算符"＋＋"与"－－"最容易让初学者搞混的特性就是它们既可以用于前缀操作，也可以用于后缀操作，这两种方式的意义完全不同。试比较如下代码：

```
int  i = 0;    //定义了一个整型变量 i
int a = i++ ;
cout ≪ a ≪ "," ≪ i ≪ ;
```

运行程序的结果，可得 a 的值是 0，i 的值是 1。

```
int  i = 0;    //定义了一个整型变量 i
int a = ++i;
cout ≪ a ≪ "," ≪ i ≪ ;
```

程序运行的结果，可得 a 的值是 1，i 的值是 1。

通过上面的两组程序代码对比，可知将"＋＋"作为后缀的含义是：先将变量赋值出去，再将自身增 1；将"＋＋"作为前缀的含义是先将变量自身增 1，而后将增 1 后的变量赋值出去。两种情况下，变量自身最终都是增 1。

2. 标准数学函数运算

C＋＋的数学库中提供了诸如二次方、开方、幂函数、三角函数等常用数学函数，可以方便地进行数学运算方面的编程。

使用 C＋＋的数学库函数前，应当在程序前面加上：

```
# include <cmath>
using namespace std;
```

下面列举几个 C＋＋中常用的数学函数。

（1）绝对值函数

函数原型：

```
int     abs( int n )
long    labs( long n )
double  fabs( double n )
```

功能：对于不同类型的变量 n，计算其绝对值 $|n|$。

（2）三角函数

函数原型：

```
double sin( double x )
```

功能：正弦函数，参数 x 为弧度值。

函数原型：

```
double cos( double x )
```

功能：余弦函数，参数 x 为弧度值。

函数原型：

```
double tan( double x )
```

功能:正切函数,参数 x 为弧度值。

(3) 反三角函数

函数原型:

```
double asin( double x )
```

功能:反正弦函数,返回值为弧度值。

函数原型:

```
double acos( double x )
```

功能:反余弦函数,返回值为弧度值。

函数原型:

```
double   atan( double x )
```

功能:反正切函数,返回值为弧度值。

(4) 双曲三角函数

函数原型:

```
double sinh ( double x )
```

功能:双曲正弦函数。

函数原型:

```
double cosh (double x )
```

功能:双曲余弦函数

函数原型:

```
double tanh (double x )
```

功能:双曲正切函数。

(5) 指数与对数函数

函数原型:

```
double exp( double x )
```

功能:计算 e^x。

函数原型:

```
double log( double x )
```

功能:计算自然对数 $\ln x$。

函数原型:

```
double log10( double x )
```

功能:计算以 10 为底数的对数 $\lg x$。

(6) 幂函数

函数原型:

```
double pow( double x, double y )
```

功能:计算 x^y。

函数原型:

```
double sqrt( double x )
```

功能:计算 x 的开方,注意 x 为非负值。

(7) 取整

函数原型:

```
double floor( double x )
```

功能：计算不超过 x 的最大整数（取下整）。

函数原型：

`double ceil( double x )`

功能：计算不小于 x 的最大整数（取上整）。

3. 逻辑运算

计算机在发明之初最主要的任务就是代替人类进行大规模的数值与逻辑运算。逻辑运算也是进行数据处理的一个重要环节。在用 C++ 编制程序的过程中，逻辑运算的主要用途有两个，一个是进行纯粹的逻辑计算，给出推理值；另一个是用来判断程序的走向。

在计算机中，逻辑就是"真"与"假"。"假"用 0 来表示，其余值都视为真，也就是 1。这也是计算机采用二进制的优势所在。

（1）逻辑与（&&）

只有参与运算的两个数值 A 和 B 同时为真时，整个运算的表达式才为真，如表 4-1 所示。

（2）逻辑或（||）

参与运算的两个数值 A 和 B 中，任意一个为真或同时为真，整个运算的表达式即为真，如表 4-2 所示。

表 4-1　逻辑与

A	B	$A \& \& B$
1	1	1
1	0	0
0	1	0
0	0	0

表 4-2　逻辑或

A	B	$A \& \& B$
1	1	1
1	0	1
0	1	1
0	0	0

（3）逻辑非（!）

这是一个单目运算符，即对某个逻辑值进行逻辑取反，将真变假或将假转真。

4. 位运算

位运算是整数所特有的操作，包括 <<、>>、&、|、^、~ 6 种操作。由于数据在计算机中以二进制的 0、1 串表示，位运算直接对数据的二进制位操作，往往具有非常高的运算效率，在诸如嵌入式开发等场合中具有重要意义。

（1）左移操作

左移操作运算符" << "将整数的最高位挤掉，整体左移一位，在最右端用 0 补齐。例如：

```
int  a = 6;  //a的二进制表示： 00000000 00000000 00000000 00000110
a = a << 1;  //左移一位后a变为:00000000 00000000 00000000 00001100
```

a 左移一位后，变为了 12。显然左移 1 位相当原数乘以 2，而不管整型是否有符号。

（2）右移操作

右移操作运算符" >> "在整数的最高位挤进一个 0 或 1，而整数最右边的一位被挤掉。对于有符号数，若最高位为 1，则右移一位后最高位挤进 1，若最高位为 0，则右移一位后最高位挤进 0；若为无符号数，则右移一位后，最高位一律挤进 0。

（3）位与操作

按位与运算符"&"是双目运算符。其功能是参与运算的两数各对应的二进制位相与。只有对应的两个二进制位均为 1 时，结果位才为 1，否则为 0。

```
int  a = 6;     //a的二进制表示： 00000000 00000000 00000000 00000110
int  b = 12;    // b 的二进制表示： 00000000 00000000 00000000 00001100
a = a & b;      // a 变为 4,也就是：00000000 00000000 00000000 00000100
```

（4）位或操作

按位或运算符"|"是双目运算符。其功能是参与运算的两数各对应的二进制位相或。只要对应的两个二进制位有一个为 1 时,结果位就为 1。

```
int  a = 6;     //a的二进制表示： 00000000 00000000 00000000 00000110
int  b = 12;    // b 的二进制表示： 00000000 00000000 00000000 00001100
a = a | b;      // a 变为 14,也就是：00000000 00000000 00000000 00001110
```

（5）位异或操作

按位异或运算符"^"是双目运算符。其功能是参与运算的两数各对应的二进制位相异或。若对应的两个二进制位相同时,结果位就为 0,反之为 1。

```
int  a = 6;     //a的二进制表示： 00000000 00000000 00000000 00000110
int  b = 12;    // b 的二进制表示： 00000000 00000000 00000000 00001100
a = a ^ b;      // a 变为 10,也就是：00000000 00000000 00000000 00001010
```

（6）位反操作

位反操作符"～"是单目运算符。其功能是将一个操作数的每一位取反,0 变为 1,1 变成 0。

```
int  a = 6;     //a的二进制表示： 00000000 00000000 00000000 00000110
a = ～a;        // a 的值变为 - 7： 11111111 11111111 11111111 11111001
```

4.3 数字之向量

向量是数学上的重要概念,在物理学、工程科学中有着举足轻重的地位。向量比标量更加抽象,也更重要,因为它不仅可以表示大小,而且可以表示方向。向量有多种表示方法,但最适合计算机的,是分量表示方法。例如对某向量 V,可以表示为 $(a_1, a_2, a_3, \cdots)$,其中 $a_1, a_2, a_3, \cdots$ 都是向量 V 的各维分量。

可以看到,为了表示向量的概念,归根到底是需要一组有序数字的集合。这些数字类型相同,通过一个统一的名称(如上面提到的向量名称 V)及各个数字的下标序号来最终确定这个向量的信息。

在 C++ 语言中,数组就是符合以上要求可以用来表示向量的形式。它是一种有序数据的集合,而且是一种有序的线性表。数组有一个数组名,通过下标来唯一地确定数组中各个元素。比如上面提到的向量 V,在 C++ 中可以定义如下(假定 V 是实数类型的三维向量)：

```
double  V[3];      //通过数组来表示一个三维向量
```

数组分为一维数组、二维数组和高维数组。一维数组,可以用来表示向量;二维数组,可以用来表示矩阵;高维数组,可以用来表示更加数学化的张量,但一般较少使用。

另外须要说明的是:数组的分量不仅仅可以是 C++ 中的简单数据类型,也可以是单字符,称为字符数组。字符数组和后面提到的字符串具有一定的等价关系(以字符 '\0' 结束的字符数组就是字符串)。

数组的分量也可以是结构体(struct),或者其他同类型的数据结构。

总而言之,在 C++ 语言的世界,向量可以用数组来表示,反过来数组不仅仅可以体现向量的含义,也可以被理解为更广泛的抽象线性结构。图 4-14 所示为 C++ 中向量数据的数组表示方法。

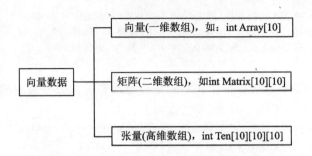

图 4 - 14   C++中向量数据的数组表示方法

4.3.1   向量表示形式1——数组

在科研及工程中,向量运算起着极其重要的作用。向量是一个数学概念,对应到计算机的世界中(更具体地说:对应到 C++中),一维数组就是用来表示向量的。

一维数组是由若干相同数格类型所组成的集合,其声明包含组成数组的数据类型、数组名和元素的数目。

例如:

```
double position[3];
```

以上语句分别定义了由 3 个 double 类型数据组成的数组,我们也可以将其理解为包含 3 个分量的向量。

1. 一维数组的定义与初始化

(1)一维数组的定义

一维数组的定义形式为:

```
类型说明符        数组名[常量表达式]
```

有几点说明:

① 数组名的首字母必须为英文字母。

② 用方括号将常量表达式括起来。

③ 常量表达式定义了数组的个数,并且不能使用变量。

④ 数组的下标从 0 开始。

(2)一维数组的初始化

一维数组的初始化形式有如下几种:

① 直接在定义时依次赋值初始化。例如:

```
double position[3] = {1.0, 2.0, 3.0};
```

② 对前面一部分分量进行赋值初始化,后面的自动初始为 0。例如:

```
double position[3] = {1.0};
```

则初始化后 position[0] = 1.0,   position[1] = 0,   position[2] = 0。

③ 让数组分量全部初始化为 0,此时只需在大括号内写一个 0 即可。例如:

```
double position[3] = {0};
```

则初始化后 3 个分量都是 0,这种写法比较简便。

2. 一维数组的本质

数组的本质就是在内存中连续存放的一块区域(记为 M)。数组元素的下标是以 0 开始的根本原因就是因为每一个数据存放的位置相对于整个区域 M 的偏移量为 0,而不是故意给学习者找麻烦。

　　数组名的本质就是数组最开始的那个元素的首地址,有时也说是整个数组的首地址。在 si-zeof(r)运算符中,数组名代表的就是全体数组元素,而不是哪个单个元素。例如:定义 int A[5];那么在 32 位平台上计算 sizeof(A)的结果就是 5 * 4＝20。

4.3.2　向量表示形式 2——STL vector

　　上节提到的数组是 C++语言本身提供的内置类型,本节介绍 C++标准库 STL 中提供的向量类型 vector。vector 类型借助于 C++强大的范型模板,可以容纳许多其他类型的相同实体,而且自身具备操作函数,是比一维数组更便捷的表示向量的方式。vector 相当于一个动态的数组。可以说是 C++编程中使用频率最高的数据类型。

　　使用 vector 之前,应当在程序前面加上:

```
# include <vector>
using namespace std;
```

1. STL vector 的定义与初始化

vector 可以有如下几种定义方式:

① vector<int>　　a;

② vector<int>　　a(10);

③ vector<int>　　b(10, 1);

④ vector<int>　　c(a);

⑤ vector<int>　　d(b. begin(), b. begin()＋5);

⑥ int a[5] ＝ {1,2,3,4,5};

vector<int>　　e(a, a＋5);

　　vector<int>是 C++中的模板形式,尖括号中为向量中各个元素的数据类型,可以是任意合法的元素类型。

　　① 中的形式是最一般的定义类型,只简单定义一个整数类型向量,默认情况下没有元素,即空的向量。如果用数组来定义向量,则至少必须含有一个元素,空的数组是不允许的。

　　② 中的形式定义了含有 10 个整型元素的向量,但没有赋初值,所以值是不确定的。

　　③ 中的形式定义了含有 10 个整型元素的向量,每个元素的初始值设为 1。这一形式又比数组方便,因为同样的操作,数组需要利用循环赋值才能完成。

　　④ 中的形式是利用一个现成的向量来创建一个向量,这在实际开发中也是常用的。

　　⑤ 中的形式是利用一个现成的向量的某一范围的元素(即 b 的第 0 个到第 2 个,共 3 个元素)元素来创建一个向量。

　　⑥ 中的形式是利用一个数组来定义并初始化一个向量。

2. 基本操作

设有一个向量

```
vector<int> vec;
```

可以对其进行如下一些常用的基本操作。

　　(1) 访问向量元素

```
cout << vec[0] << endl;    //方式 1:直接利用类似数组下标的方式
cout << vec.at(0) << endl;  //方式 2:利用 at 函数,可以防止越界访问
```

（2）使用迭代器访问向量元素

```
vector<int>::iterator it;
for(it = vec.begin();it! = vec.end();it + +)
    cout << * it << endl;
```

（3）重新分配元素

```
vec.assign(4,2);      //将向量 vec 重置为含 4 个元素,每个元素值设为 2
```

（4）向量是否为空判断

```
bool empty () const; // 当元素个数为 0 时返回 true,否则为 false
```

（5）尾部插入数字（非常常用的一个操作）

```
int a = 10;
vec.push_back(a);
```

（6）任意位置插入数字

```
int a = 10;
vec.insert(vec.begin() + i,a);   //在第 i + 1 个元素前面插入 a
```

（7）删除尾部元素

```
vec.pop_back();
```

（8）删除指定位置元素

```
vec.erase(vec.begin() + 2);    //删除第 3 个元素
```

（9）清空整个向量

```
vec.clear();
```

（10）调整向量大小,同时创建对象

```
vector<int>  vec(10);
vec.resize(20);        //将原向量大小调整为 20,同时构造新的元素
vec.resize(20,1);      //将原向量大小调整为 20,将新增的元素赋值为 1
```

（11）获取向量大小

```
int n = 0;
n = vec.size();
```

（12）为向量预留空间,但不真正创建元素

```
vector<int>  vec;
vec.reserve(10);   //为向量预留大小为 20 的空间,但不创建对象
```

（13）获取向量预留空间的大小

```
int  n = 0;
n = vec.capacity();   //获取向量预留的空间大小
```

（14）向量是否为空判断

```
bool empty() const; // 当元素个数为 0 时返回 true,否则为 false
```

提示　vector 的 resize 与 reserve 函数、size 与 capacity 属性的区别

很多人在使用 vector 时,常常搞不清楚其 size 属性及 capacity 属性的区别。size 是指 vector 中实实在在创建好、可以访问的数据元素的个数;capacity 则是 vector 预留的空间大小,是潜在规模,可以包含没有真正创建好、无法访问的数据元素。

resize 函数改变的是 size 的大小,reserve 改变的是 capacity 的大小。

reserve 增加了 vector 的 capacity,但是它的 size 没有改变! 而 resize 改变了 vector 的 capacity,同时也增加了它的 size!

reserve 是向量预留空间,但在空间内不真正创建元素对象,所以在没有添加新的对象之前,

不能引用容器内的元素。加入新的元素时，要调用 push_back()/insert()函数。

　　resize 是改变向量的大小，同时创建对象，因此调用这个函数之后，就可以引用容器内的对象了，因此当加入新的元素时，用 operator[]操作符，或者用迭代器来引用元素对象。此时再调用的 push_back()函数，是加在这个新的空间后面的。

　　两个函数的参数形式也有区别，reserve 函数有一个参数，即需要预留的容器的空间；resize 函数可以有两个参数，第一个参数是容器的新的大小，第二个参数是要加入容器中的新元素，如果这个参数被省略，那么就调用元素对象的默认构造函数。

　　下面通过一个示例程序来给出解释。

```cpp
# include <vector>
# include <iostream>
using namespace std;

int main(int argc, char * argv[])
{
    vector<int> vec;
    vec.reserve(10);              //为向量预留空间大小为 10,但未真正创建元素
    vec.push_back(1);
    vec.push_back(2);
    vec.push_back(3);
    vec.push_back(4);

    cout << vec.size() << endl;       //size 为 4
    cout << vec.capacity() << endl;   //但是 capacity 为 10
    for (int i = 0; i < 10; i++)
    {
        //cout << vect[i] << endl;  非法访问! 向量中只有 4 个创建的实体元素可以访问
    }
    return 0;
}
```

如果改用 resize,则结果不同:

```cpp
# include <vector>
# include <iostream>
using namespace std;

int main(int argc, char * argv[])
{
    vector<int> vec;
    vec.resize(10);               //为向量重新分配大小为 10 的空间,并创建元素
    vec.push_back(1);
    vec.push_back(2);
    vec.push_back(3);
    vec.push_back(4);

    cout << vec.size() << endl;       //size 为 10
    cout << vec.capacity() << endl;   // capacity 也为 10
    for (int i = 0; i < 10; i++)
    {
        cout << vect[i];         //向量为[1 2 3 4 0 0 0 0 0 0]
    }
    return 0;
}
```

另外还要注意的一点是:

从上面的例子可以看出,不管是调用 resize 还是 reserve,二者对容器原有的元素都没有影响。

3. 含有复杂类型的向量

vector 的元素不仅仅可以是 int,double,还可以是结构体,而且在实际开发中,这种情况还非常多见。但是要注意:结构体要定义为全局的,否则会出错。

```cpp
# include<vector>
# include<iostream>
using namespace std;

struct  Rect   //注意一定要定义为全局的,才能用 vector
{
    int id;
    int length;
    int width;
}

int main()
{
    vector<Rect> vec;
    Rect rect;
    rect.id = 1;
    rect.length = 2;
    rect.width = 3;
    vec.push_back(rect);
    vector<Rect>::iterator it = vec.begin();
    cout << (*it).id << ' ' << (*it).length << ' ' << (*it).width << endl;
    return 0;
}
```

4.3.3　矩阵表示形式 1——二维数组

矩阵是最重要的数学工具之一,在自然科学和工程技术科学中扮演着重要角色,用途广泛。著名的数学计算软件 MATLAB 中最基本的数据类型都是以矩阵形式存在的。

在 C++中,最直接的表示矩阵数据的方式就是利用二维数组。

1. 二维数组的定义和初始化

二维数组其实可以被看作若干一维数组的集合,在数学上的理解就是矩阵的每一行都是一个向量。照此,二维数组的一般定义格式为:

类型说明符　　数组名[行数][列数]

二维数组的下标也都是从 0 开始的。

二维数组的初始化分为两种,一种是顺序初始化;一种是按行初始化。

```cpp
int main(int argc, _TCHAR * argv[])
{
    int array1[2][3] = {1,2,3,4,5};
    int array2[2][3] = {{1,2},{3,4,5}};
    cout << "array1:";
    for ( int i = 0; i<2; i++)
```

```
        for( int j = 0; j<3; j++)
            cout << array1[i][j]<< ",";
    cout << endl;
    cout << "array2:";
    for ( int i = 0; i<2; i++)
            for( int j = 0; j<3; j++)
                cout << array2[i][j]<< ",";
    cout << endl;
    return 0;
}
```

程序运行结果如图 4-15 所示。

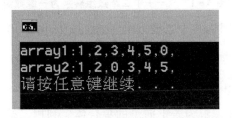

图 4-15 C++中二维数组不同初始化方法的区别

从程序运行结果可以看出,按顺序初始化就是先从左向右再由上而下地初始化,即对第一行的所有元素都初始化好以后再对第二行初始化。而按行初始化则是用一对大括号来表示每一行,在行内从左向右地进行初始化。对于没有初始化的元素,则用 0 补之。

在一般情况下,我们常用的是利用行方式进行初始化。

2. 二维数组的内存映像

在内存中,二维数组中的元素是按照行的顺序依次存放的。也就是说,先顺序存放完第一行的元素,接着再存放第二行的元素,如图 4-16 所示。

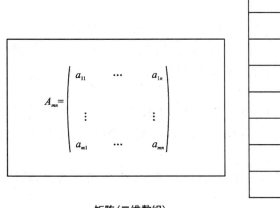
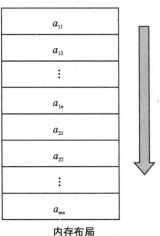

矩阵(二维数组)   内存布局

图 4-16 C++中二维数组的内存布局

3. 二维数组转换成一维数组

有很多场合,需要将二维数组转换为一维数组。比如,图像是一个像素矩阵,典型的二维数组,有时候就需要将其对应的二维数组转换为一维数组,也就是拉成一个长长的向量,以便进行后续的操作。由于二维数组在内存中的存储情况和一维数组本质上是相同的,所以我们通过简单的转换关系即可完成二者的映射。

转换关系如图 4 - 17 所示。

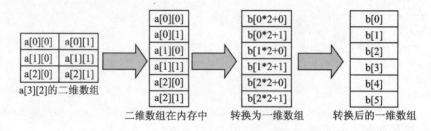

图 4 - 17 C++中二维数组转换为一维数组

于是,不难总结出一个结果,一个二维数组元素 a[x][y]在一维数组 b 中是:

$$a[x][y]=b[x*列数+y]$$

4.3.4 矩阵表示形式 2——STL vector 嵌套

从本质上讲,矩阵可以被理解为若干向量的集合体。利用二维数组表示矩阵,矩阵中为每个向量分配的存储空间都是相同的,比如 int Matrix[10][20],是 10 个整型向量的集合,每个向量含 20 个分量,一旦定义好,分配好了空间,便无法更改。

在现实开发中,往往在很多情况下需要矩阵中的向量是动态变化的,这时候用数组的表示方式就不够灵活了;另一方面,现代科研中占有重要地位的稀疏矩阵中含有大量的 0 元素,如果用二维数组表示,往往太浪费内存,此时也需要用更加优化的方式来表示。

1. vector 嵌套定义和初始化

vector 嵌套定义,就是由 vector 组成的大 vector,与矩阵的本质是契合的。通过 vector 嵌套的方式模拟矩阵,可以通过下面 3 种常用的方式来定义。

方式 1:不指定具体大小。

```
vector < vector < int >> Matrix;
```

上面的语句定义一个整型矩阵。矩阵的每一行都是一个整型向量。

这种方式的定义,具有较大的灵活性。可在程序运行中,动态生成、改变矩阵每一行向量的大小,这对于处理一些实际问题很有价值,是二维数组所不及的。

方式 2:指定具体大小。

```
vector < vector < int >> Matrix( 10, vector<int>(5) );
```

上面的语句定义了一个整型矩阵,含有 10 个行向量,每个行向量包含 5 个分量。也就是说,定义了一个 10×5 大小的整型矩阵。

这种方式的定义,具有更明确的初始化含义,如果事先已知矩阵的规模,通过这种方式定义更适合。

方式 3:指定大小的同时赋初始值。

```
vector < vector < int >> Matrix( 10, vector<int>(10, 1) );
```

上面的语句定义了一个整型矩阵,含有 10 个行向量,每个行向量包含 10 个分量,且每个分量的初始值都是 1。也就是说,定义了一个 10×10 大小的单位矩阵。

2. 基本使用

通过上面的方式定义好一个矩阵后,可以通过类似二维数组的方式直接操作矩阵中的数据,非常方便。

下面通过一个基本的程序来说明嵌套 vector 的使用。

```cpp
# include <iostream>
# include <vector>
using namespace std;

int main(int argc, _TCHAR * argv[])
{
    vector<float>  v0;
    v0.push_back(1.0);
    v0.push_back(2.5);

    vector<float>  v1;
    v1.push_back(1.5);
    v1.push_back(5.0);

    vector<vector<float >> Matrix;
    Matrix.push_back(v0);
    Matrix.push_back(v1);

    for ( int i = 0; i < Matrix.size(); i++)
    {
        for (int j = 0; j < Matrix[i].size();j++)
        {
            cout << "Matrix[" << i << "][" << j << "]=" << Matrix[i][j] << endl;
        }
    }
    return 0;
}
```

程序运行结果如图 4-18 所示。

图 4-18　用 vector 嵌套方式来模拟矩阵数据

4.3.5　指针及其在数据表示中的应用

指针在 C++ 与 C 语言中真是大名鼎鼎，因为在其他语言（如 Java 和 C♯）中没有指针，这使得指针成为 C++ 中独具特色的专利产品。指针实质就是代表地址的变量，就这么简单。但在实际应用中，却有很多花样，使得其不好理解与掌握。地址这个东西本身就是一个底层的概念，所以只有 C++/C 这种强调运行速度、效率，贴近系统底层的语言才更需要它，而如 Java 等更加高级和抽象的语言没有必要用它。

1. 基本概念

(1) 存储器的概念

先通过一个形象的比喻来理解存储器的概念。可以将存储器、存储单元及存储单元的地址与文件柜、文件柜上的抽屉及抽屉上的编号相对应来理解。

文件柜就那么一个,但上面的抽屉却很多,每个抽屉里面都放着不同内容的文件,为了能够找到不同的文件,就需要为每个抽屉编上一个号码。通过这个编号,可以很轻松地找到想要的东西,如图 4-19 所示。

图 4-19　存储器的形象比喻

(2) 存储器的使用

① 定义变量时,系统为变量分配相应的存储单元,通过变量名可以直接使用该存储单元。

```
int x = 0, y;
y = 15;      // y可以理解成该存储单元的当前名字
```

② 通过存储单元的地址来使用该存储单元,这就需要有表示存储单元地址的量——指针型变量,如图 4-20 所示。

```
int * ip; //声明 ip 是一个指针(变量)
ip = &y;              // ip 是存储空间 y 的地址
cout << "y 的地址:" << ip << "," << &y << endl;  //输出变量地址
cout << "y" 的值:" << y << " " << * ip << endl; //输出地址所对应的存储单元的值
```

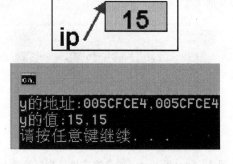

图 4-20　通过地址访问存储器

(3) 指针的定义

按变量的地址直接存取变量的方法称为"直接访问"方式。存储变量的内存空间的首地址称为该变量的地址。如果将一个变量的地址放在另一个变量中,则存放地址的变量称为指针型变量。由于指针变量中的值是另一个变量的地址,我们习惯上形象地称为指针变量指向该变量。

存取变量也可以间接地由指针变量取得该变量的地址进行,称为"间接访问"方式。指针变量中的值简称为指针,所以指针就是地址。

指针涉及的两个运算符是:

① 取地址运算符 &:作用于内存中一个可寻址的数据(如变量、对象和数组元素等),操作的

结果是获得该数据的地址。

② 间接引用运算符 ∗ :作用于一个指针类型的变量,访问该指针所指向的变量。例如

```
int a = 5;   int * ip;
ip = &a;   //p指向 a
* ip = 10;   //间接访问,相当于 a = 10
```

2. 声明、初始化与简单应用

(1)声明及初始化

指针的一般声明格式为:

```
存储类型 ∗ 变量名 1 , ∗ 变量名 2 … ;
```

注意:

① " ∗ "在这里的含义是声明符号,而不是取值运算符。

② 变量名 2 前面的" ∗ "是不可以省略的,这与基本变量类型定义时的省略情况是不同的。

例如下面的语句就是定义了一个指针。该指针可以用来存放一个整数型变量的地址(我们通常称为指向某整数型变量),并被初始化为空(NULL 表示空指针,即暂时不指向任何变量)。

```
int  * p = NULL ;
```

每个类型都有相应的指针类型,因此指针定义并初始化的形式为:

```
int * p = NULL ;
char  * p = NULL;
float  * p = NULL;
double * p = NULL;
```

上面的语句分别定义了指定整型、字符、单精度、双精度变量的指针。

注意:虽然指定的变量所占的内存是不同的,但指针本身作为地址变量,其长度是固定的,比如在 32 位系统中,指针都是 4 字节大小的整型。

(2)赋值

指针赋值分为三种情况。

取变量地址:通过取地址运算符 & ,使指针指向该变量,如图 4 - 21 所示。

指针相互赋值:使两指针指向同一变量,如图 4 - 22 所示。

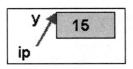
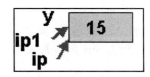

图 4 - 21　通过取地址运算符为指针赋值　　图 4 - 22　指针相互赋值,多个指针同时指向一个变量

指针赋 NULL:空指针,指针悬空。不同于指针未赋值。一般在指针未被使用时将指针置为空值是良好的编程习惯。

注意:不能给指针变量随意赋一个地址值,只能取一个已经分配了内存的变量的地址赋给指针变量。变量或对象的内存地址是由编译系统分配的。

3. 指针用途

(1)指针与数组

在 C++中,指针与数组的关系非常密切,往往可以通过指针来高效而灵活地操作数组。

数组名代表的是数组的首地址,因此数组名本身就可以理解为一个指针,只不过它是一个指

针常量,也就是不能更改值的指针。在很多情况下,数组与指针的用法具有等价性。例如:取数组 A 的某个元素,A[i]与 *(A + i)就是等价的两种写法。

```
#include <iostream>
using namespace std;

int main(int argc, _TCHAR * argv[])
{
    int A[5] = {1,2,3,4,5};
    int * const p = A;                    //定义一个指针常量
    for ( int i = 0; i < 5; i++ )
    {
    //cout << A[i] << "," << endl;    //直接通过下标来操作数组元素
    cout << *( p + i ) << ",";          //通过指针来操作数组元素
    }
    return 0;
}
```

(2) 产生动态数组(内存分配 malloc free new delete)

在开发程序的过程中,经常需要动态生成数组,也就是申请数组空间,此时数组的大小也可以通过一个变量来指定,很是灵活。当动态数组使用完之后,再释放它的空间。

在 C++中申请动态数组有两种方法:

① 通过 malloc 库函数来申请,语法如下:

```
int   * p ;
p = ( int * ) malloc( n * sizeof( int ) );
```

上面的语句,首先声明了一个指针,用于指向所要申请的数组,而后通过 malloc 库函数完成申请数组空间。上面语句中,n 就是代表数组大小的整数变量;sizeof 是 C++中的运算符,用于计算相应数据所占内存,这里的意思是申请 n 个整型数据所组成的数组。由于 malloc 的返回类型为 void *,而我们要申请的是一个整数数组,所以通过强制类型转换将返回值转换为整数类型指针,由变量 p 保存,此时 p 就指向了所申请的数组了,也就是数组名,如果想取第 i 个元素的值,直接使用 p[i]即可。

当数组用完之后,需要释放内存,以免发生内存泄漏,此时仅需调用 free 库函数即可,语法如下:

```
free( p );
```

② 通过 new 运算符来申请,语法如下:

```
int   * p ;
p = new int[ n ];
```

上面的语句完成的功能同方式①是一样的。

当数组用完之后,需要释放内存,以免发生内存泄漏,此时仅需调用 delete 运算符即可,语法如下:

```
delete[]p
```

注意:不要将上面的删除语句写成 delete p,否则只是释放了数组中某一个元素的内存,其他元素的内存则没有释放。

上面的两种方式中,第一种是 C 语言中使用的,它是通过调用库函数来实现的;第二种方式中,new 与 delete 都是 C++内置的运算符,非常高效。在 C++的编程体系中,更加提倡使用第二种方式。

【例程 4-1】　动态数组的申请与释放。

```
#include <iostream>
using namespace std;
static int A[5] = { 2,9,5,3,0 };
int main(int argc, _TCHAR * argv[])
{
    int * p; int n = 5;
    p = new int[n];
    for (int i = 0; i<n; i++)
    {
        *(p+i) = A[i];
        cout << *(p+i) << ",";
    }
    delete []p;
    return 0;
}
```

（3）动态数据实体创建

上面所讨论的创建动态数组的方法,实质上可以理解为创建动态的数据实体。也就是说,可以借助指针动态地为某一数据申请内存。

动态内存申请是程序中最常用的操作之一,而这其中必然有指针的身影。关于这一主题的讨论本书在下面的相关章节会进行详细讨论。

（4）构建链表及复杂数据结构

链表同数组一样,都是线性数据结构,元素具有固定的先后顺序,所不同的是在具体的内存布局上不具备数组那样的连续性。链表是重要的数据结构,在存在大量的插入、删除操作的数据中起到重要作用。C++中的链表就是通过指针才能"链"起来的。

C++中更复杂的数据结构,如树、图等,几乎都需要有指针的参与才能构建出来,指针在这些数据结构中所起到的作用是无可取代的。

关于此方面的更具体描述,在下面的"复杂数据类型"一节中再进行讨论。

（5）字符串

指针对字符操作也有重要意义。因为字符串本质上就是字符数据,所以关于指针与数组的讨论在字符串上的讨论都是成立的。只不过,字符的相关讨论具有独立的意义,本书放在下面一节进行专门讲解。

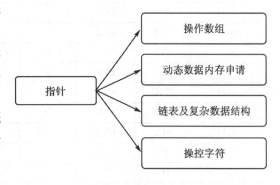

总结:指针是 C++ 中的一个非常重要的概念。本章讨论的重点在于"数据",而指针在数据构建中起到很重要的作用。在学习指针的时候,请读者朋友把握住指针的这些应用,就不会使自己身陷于茫茫的语法练习中而越学越乱。

指针的用途总结如图 4-23 所示。

图 4-23　指针在数据构建中的作用总结

4.4　字符与字符串

　　文字是除数字外的另一个程序语言的基本处理对象。C++中字符数据分为字符（character）和字符串（string）两种。

4.4.1　字符常量

　　字符常量就是值保持不变的字符，实际上是一个整数。字符常量的书写是用单引号括起来的，比如 'A''a''0''9'。字符常量本质上是一个整数，所以它是有值的。

　　字符常量的值就是在计算机所使用的字符集中该字符的值。

　　计算机所使用的标准字符集有很多，最常用的是 ASCII 码字符集。例如，在 ASCII 码字符集中，字符常量 '0' 的值为 48，也就是字符 '0' 与整数 48 是等价的，可以互换。只不过在表示字符的时候，显然用 '0' 是直观的。

　　在 ASCII 码字符集中，字符 '0' 与数值 0 没有关系，切莫混淆。

　　那么，有没有值为 0 的字符呢？有的。在 ASCII 码中，字符常量 '\0' 表示的就是值为 0 的字符，其实质就是空字符，在后面的字符串中还会提到，空字符用来表示一个字符串的结尾。

　　在空字符的表示方法中，注意到是通过一个斜杠与 0 组合起来的，通过这种形式组合而成的字符被称为"转义字符"。转义字符看起来像是两个以上的字符，实际上就代表一个字符，它的意思是将斜杠后面的字符转换为另外一种意思，比如 '\n' 代表的是换行符而不是字母 n。换行符在 ASCII 编码中对应的十进制数值是 10。

　　ASCII 码字符集见表 4－3。

表 4－3　ASCII 码字符集

H L	0000	0001	0010	0011	0100	0101	0110	0111
0000	NUL	DLE	SP	0	@	P	'	P
0001	SOH	DC1	!	1	A	Q	a	q
0010	STX	DC2	"	2	B	R	b	r
0011	ETX	DC3	#	3	C	S	c	s
0100	EOT	DC4	$	4	D	T	d	t
0101	ENQ	NAK	%	5	E	U	e	u
0110	ACK	SYN	&	6	F	V	f	v
0111	BEL	ETB	,	7	G	W	g	w
1000	BS	CAN	)	8	H	X	h	x
1001	HT	EM	(	9	I	Y	i	y
1010	LF	SUB	*	:	J	Z	j	z
1011	VT	ESC	+	;	K	[	K	{
1100	FF	FS	,	<	L	\	I	|
1101	CR	GS	−	=	M	]	m	}
1110	SO	RS	−	>	N	ˆ	n	~
1111	SI	US	/	?	O	−	o	DEL

4.4.2　字符变量

字符变量用来存放单个字符常量,在内存中占 1 字节的大小。

字符变量的定义形式如下:

```
char         ch1 ;
unsigned char  ch2 ;
signed char    ch3 ;
```

关键字 char 就是用来声明单字符变量的。其前面可以加上 signed 或 unsigned 用来表示是否是有符号的值。单字符本质上就是一个整数类型,所以对于无符号的 char 类型,代表的整数范围是 0~255,而有符号的 char 类型的取值范围是－128~127。一般可打印的字符都是无符号类型的。

4.4.3　字符串常量

在实际应用中,单个字符常量毕竟是少数,更多时候需要处理的是多个字符连在一起的字符串。比如我们上网最为熟悉的搜索引擎,每次在搜索框内用户的输入就是要处理的数据,这些数据一般都是字符串,如图 4－24 所示。

搜索框内的字符串数据

图 4－24　百度搜索引擎搜索框内内容的字符串

在 C++中,字符串常量是用双引号括起来的 0 个或多个字符组成的序列。例如:

```
"I love China."
" "                    //注意,这个是空字符串
```

在实现方面,字符串常量用字符数组来存储。字符数组是由多个单字符顺序存储组成的序列,用来实现字符串非常自然。这里须要注意的是:字符串有一个结尾标志 '\0'。也就是说,字符串对应的字符数组的最后还有一个 '\0',用来表示该字符串的结尾。这样,字符串实际所占的内存要比其双引号内的字符多出 1 字节,该字节就是给了空字符 '\0'。例如,字符 'A' 和字符串 "A" 在内存中,后者比前者多占用 1 字节,如图 4－25 所示。

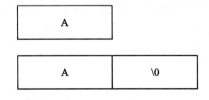

图 4－25　单字符与字符串在存储方面的区别

4.4.4　字符数组与字符指针

（1）用字符数组表示字符串

在 C++语言中没有内置的字符串变量类型，如果要将一个字符串放入变量中保存，需要使用字符数组。数组是顺序存放相同类型变量的集合，因此在用它来存放字符串时，数组中的每一个元素就是一个单字符。注意：数组最后一个元素是 '\0'。

例如，将一个字符串"China"存放入一个字符数组中：

```
char str[ 6 ] = { 'C', 'h', 'i', 'n', 'a', '\0' } ;
```

或者

```
char str[ ] = { 'C', 'h', 'i', 'n', 'a', '\0' } ;
```

数组的状态如下所示。

str[0]	str[1]	str[2]	str[3]	str[4]	str[5]
C	h	i	n	a	\0

上面两种方式都可以，但第二种方式没有指定数组元素的个数，系统会自动根据元素的个数来确定数组的长度，这样就省去了人工计算字符个数的过程。

如果开了一个长度为 100 的数组，而只给前面几个字符赋了值，那么后面的字符自动被指定为空字符（'\0'）。

上面是基本的定义方法，但比较烦琐，因为一个个地输入字符实在麻烦。C++提供了更加方便的初始化方法：

```
char str[ ] = {"Welcome to China."} ;
```

或者

```
char str[ ] = "Welcome to China.";
```

显然，这种方式简便、自然。

（2）用字符指针表示字符串

在 C++中除了通过字符数组，还可以通过一个字符指针来定义字符串。例如：

```
char  * str =   "Welcome to China."  ;
```

上面的程序中，没有定义字符数组，而是定义了一个字符指针 str，而后通过一个字符串"Welcome to China."来对它初始化。由于字符串在内存中还是通过数组形式存放的，上面这种方式实际上是把存放字符串的字符数组的首地址赋给了 str。在指向了字符串之后，就可以通过字符指针 str 来引用字符串中的任意字符了。

4.4.5　字符串的处理

对于字符串的处理是程序中最为常见的部分。在 C++标准库中包含了很多对字符串处理的函数，这些函数基本都继承自 C 语言的标准库。关于标准库，本书在后面将有专门的章节进行讲解。这里列出最为常用的字符串处理函数。

（1）字符串长度函数 strlen

该函数返回字符串的长度，其实现原理就是从 0 开始计数，遇到字符串结尾处的 '\0' 即停止返回。

请看下面的例程，并给出输出。

```
# include<iostream>
using namespace std;

int main( void )
{
    char   str1[20] = "Welcome to China! ";
    char * str2 = "Welcome to China! ";
    unsigned int n1 = 0, n2 = 0, n3 = 0, n4 = 0;
    n1 = strlen( str1 );
    n2 = strlen( str2 );
    n3 = sizeof( str1 );
    n4 = sizeof ( str2 );
    cout << n1 << "," << n2 << endl;
    cout << n3 << "," << n4 << endl;
    return 0;
}
```

在 32 位系统上的正确结果应该是 17,17,20,4。你是否答对了呢?

此程序涉及对于数组、字符数组、字符指针的理解,在 IT 行业招聘的笔试、面试中会常遇到,请务必理解清楚。

(2) 字符串比较函数 strcmp() 和 strncmp()

① 函数 strcmp() 的原型为:

```
int strcmp(const char * s1,const char * s2);
```

说明:当 s1<s2 时,返回为负数;当 s1=s2 时,返回值为 0;当 s1>s2 时,返回正数。即两个字符串自左向右逐个字符相比(按 ASCII 值大小相比较),直到出现不同的字符或遇 '\0' 为止。

② 函数 strncmp() 的原型为:

```
int strncmp(char * str1, char * str2, int n);
```

说明:比较两个字符串 str1 和 str2 前 n 个字符的大小。

【例程 4-2】　比较两个字符串的大小。

```
# include <iostream>
using namespace std;

int main(int argc, _TCHAR * argv[])
{
    char * str1 = "Welcome to China!";
    char * str2 = "Welcome To China!";
    int r = strcmp( str1, str2 );
    //int r = strncmp( str1, str2, 6 );
    if(r == 0 )
        cout << "string1 and strng2 are identical" << endl;
    else if(r < 0)
        cout << "string1 less than string2" << endl;
    else
        cout << "string1 greater than string2" << endl;
    return 0;
}
```

(3) 字符串连接函数 strcat() 和 strncat()

函数 strcat() 的原型为:

```
char * strcat(char * dest, const char * src);
```

　　说明:把 src 所指字符串添加到 dest 结尾处(覆盖 dest 结尾处的 '\0')并添加 '\0'。返回指向 dest 的指针。

　　注意:src 和 dest 所指内存区域不可以重叠且 dest 必须有足够的空间来容纳 src 的字符串。

　　函数 strcat()的原型为:

```
char * strncat( char * dest, const char * src, int n );
```

　　说明:src 字符串中只有前 n 个字符被追加到 dest 字符串,复制过来的 src 字符串的第一个字符覆盖了 dest 字符串结尾的空字符。

　　【例程 4-3】　连接两个字符串。

```
# include <iostream>
using namespace std;

int main( void )
{
  char str1[20] = "Welcome";
  char * str2 = "to China!";
  char * str  =  strcat( str1, str2 );
  //char * strn =  strncat( str1, str2, 2);
  cout << str << endl;
  return 0;
}
```

　　(4) 替　换

　　函数 strcpy()和 strncpy()

　　① 函数 strcpy()的原型为:

```
char * strcpy(char * dest, const char * src);
```

　　说明:把从 src 地址开始且含有 NULL 结束符的字符串复制到以 dest 开始的地址空间 src 和 dest 所指内存区域不可以重叠且 dest 必须有足够的空间来容纳 src 的字符串。返回指向 dest 的指针。

　　② 函数 strncpy()的原型为:

```
char * strncpy(char * dest, const char * src, int n);
```

　　说明:复制字符串 src 中的内容到字符串 dest 中,复制多少由 n 的值决定。src 和 dest 所指内存区域不可重叠。dest 所指向的内存区域必须有足够的空间来容纳 src 所指向的字符串。

　　【例程 4-4】　复制字符串。

```
# include <iostream>
using namespace std;
int main( void )
{
  char str1[30];
  char * str2 = "Welcome to China!";
  char * str  =  strcpy( str1, str2 );
  cout << str << endl;
  return 0;
}
```

4.4.6　字符串与数字的转换

　　在实际开发中,常常需要将字符型的数字转换为数值型的数字,此时就需要利用相关的转换函数来实现。主要有如下 3 个函数：

　　atoi：char ＊　转为 int 类型。

　　atol：char ＊　转为 long 类型。

　　atof：char ＊　转为 double 类型。

【例程 4 - 5】　字符串与数字的转换。

```
#include <iostream>
using namespace std;

int main( void )
{
  int i = atoi("2002");
  long l = atol("2015080808");
  double d = atof("3.1415");
  cout << i << endl;
  cout << l << endl;
  cout << d << endl;
  return 0;
}
```

4.5　复杂数据类型——结构体

　　在实践中，常会碰到比数值、文字更加复杂的数据，如多媒体数据、多维测量数据、自定义网络协议数据等。这些数据结构复杂，没有统一的格式，所以就需要编程语言提供更加复杂的表示方法。在 C++中，就是通过构造型(包括结构体、枚举、联合)来实现。

　　在 C++的语言体系中，结构体 struct 和类 class 几乎是完全等同的，唯一的区别就是它们默认的变量及函数的访问权限不一样。结构体的默认访问权限是 public，而类的默认访问权限是 private。这一点要记住，面试的时候经常会考的。

　　当然，在 C++中我们几乎不会拿结构体 struct 当类 class 来用，因为那样实在是太奇怪了。结构体对于我们而言，还是扮演着它在 C 语言中的传统角色：构建复杂的数据结构。换句话讲，结构体在我们的认知中，扮演的是"数据"的概念，只不过是较之于 int 和 float 等基本类型更加复杂的数据。

　　总体而言，结构体在我们的具体编程中有以下两个作用。

　　(1) 构造复杂的数据块

　　定义结构体的一般形式为：

```
struct 结构体名称
{
  成员列表
};
```

　　注意：最后的分号一定不能少；结构体里的成员变量中可以包含结构体。

　　举例进行说明：

```
struct Date        //定义结构体
{
  int year;
  int month;
```

```
    int day;
};

struct Student    //定义结构体
{
    unsigned long ID;
    char      name[20];
    char      sex;
    Date      birthday;    //结构体中可以包含其他的结构体
    float     height;
    float     weight;
};
```

上面的定义语句中,首先定义了一个名为 Date 的结构体,而后定义了一个名为 Student 的结构体。在 Student 结构的成员变量中,包含了一个 Date 类型的成员变量 birthday。

下面通过例程来熟悉结构体的赋值与使用。

【例程 4-6】 输入学生的信息并输出。

```
#include <iostream>
using namespace std;

struct Date
{
    int year;
    int month;
    int day;
};
struct Student
{
    unsigned long ID;
    char      name[20];
    char      sex;
    Date      birthday;
    float     height;
    float     weight;
};

int main( void )
{
    Student S;
    cout << "请输入学生的学号,姓名,性别,生日,身高,体重:" << endl;
    cin >> S.ID
        >> S.name
        >> S.sex
        >> S.birthday.year
        >> S.birthday.month
        >> S.birthday.day
        >> S.height
        >> S.weight;
    cout << "学号:" << S.ID << endl;
    cout << "姓名:" << S.name << endl;
    cout << "性别:" << S.sex << endl;
    cout << "生日:" << S.birthday.year << S.birthday.month
```

```
        << S.birthday.day << endl;
    cout << "身高:" << S.height;
    cout << "体重:" << S.weight;
return 0;
}
```

（2）构造链表及复杂的数据结构

链表是一种重要的动态数据结构，好比一"环"接一"环"的链条。这里的每一"环"就是一个结点。所有的结点串在一起就形成了一个链表。链表是比数组更加灵活的数据结构，因为结点的数目无须事先指定，可以临时生成。每一个结点有自己的存储空间，结点之间通过指针串连起来。上面的章节中介绍过指针，它是非常灵活的，可使链表成为一种动态的数据结构。

链表的最大优点是插入和删除结点非常方便，不用移动大量数据，仅需要改动指针的指向即可。

链表通过结构体来构建，和一般的结构体最大的区别在于数据成员中含有指向自身类型的指针。

一般的定义形式为：

```
struct LNode
{
    int data;        //数据
    struct * next; //链表指针
};
```

4.6　随机数

在科研和工程中，数学是最重要的工具。一般而言，需要的数学分为确定性数学和随机数学。确定性数学（如微积分、线性代数）中，函数与自变量之间有确定的关系。随机数学则是研究现实世界中大量存在的不确定性。随着计算机应用技术的发展，随机数学工具突显出重要的作用。机器学习、智能计算、语音识别等都依赖随机数学工具。

在设计程序时，为了对随机算法进行落实，必须用到随机数。C++作为功能非常强大的编程语言自然不会忽视这一点，它内建了一个伪随机数产生器。之所以是"伪"的，原因在于其实它所产生的不是真正的随机数，而只是在某种程度上的近似值。

（1）产生随机整数

产生随机数的函数为 rand()，该函数可以产生 0～32767 范围内的整数。

须要注意的是：在产生随机数之前需要使用以下语句设置种子：

```
srand((unsigned int)time(NULL));
```

语句中使用了时钟 time 参数，因为时间时刻在变，这样可以保证 rand 函数产生的第一个随机数不会固定不变。

【例程 4-7】　产生若干随机整数。

```
# include <iostream>
# include <cstdlib>
# include <ctime>
using namespace std;

int main( void )
```

```
{
    srand((unsigned int)time(NULL));        //设置种子
    for ( int i = 0; i<10; i++)
    {
        cout << rand() << endl;             //输出随机数
    }
    cout << "最大的随机整数为:" << RAND_MAX << endl;   //输出随机数
    return 0;
}
```

程序运行结果如图4-26所示。

图4-26　某时刻产生的随机整数

【例程4-8】　产生某一区间的随机整数。

```
#include <iostream>
#include <cstdlib>
#include <ctime>
using namespace std;

int main( void )
{
    int a,b,c;
    srand((unsigned int)time(NULL));
    cout << "输入范围:";
    cin >> a >> b;
    for ( int i = 0; i<5; i++)
    {
        c = a + rand() % (b-a+1);    //生成区间[a,b]内的随机整数
        cout << c << " ";
    }
    return 0;
}
```

程序运行结果如图4-27所示。

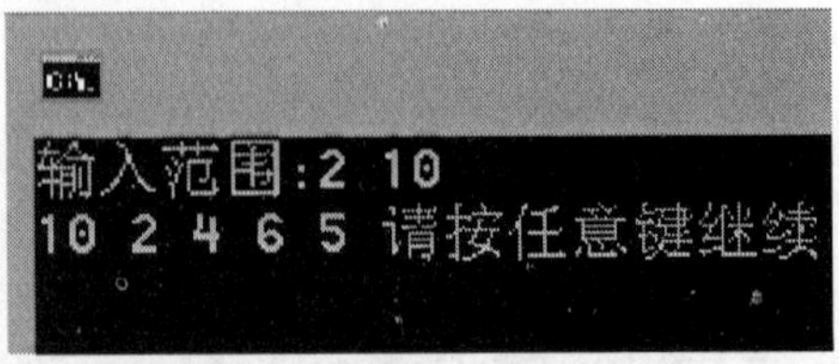

图4-27　生成某一区间的随机整数

（2）产生随机小数

产生随机小数要在函数 rand()产生随机整数的基础上,通过使用除法公式来实现。

```
rand() / RAND_MAX
```

运算结果是小于 1 的,但由于是整数作除数,如果不做处理结果就会变成 0,所以还需要通过类型转换为 float 类型才能最终得到小数。

```
(float)rand() / RAND_MAX
```

【例程 4-9】　产生随机小数。

```cpp
# include <iostream>
# include <cstdlib>
# include <ctime>
using namespace std;

int main( void )
{
  srand((unsigned int)time(NULL));
  for ( int i = 0; i<10; i+ + )
  {
    cout << (float)rand() / RAND_MAX << endl;
  }
  return 0;
}
```

程序运行结果如图 4-28 所示。

图 4-28　生成随机小数

4.7　高考专业报考专家系统中的知识表示

通过本章的学习,我们来完成高考专业报考专家系统的"知识库"模块。"知识"以数据的形态存放在专家系统的"知识库"中,是"推理机"处理和加工的对象。

4.7.1　专家系统中的知识表示方法

专家系统是具备某领域专家知识的计算机程序系统,其性能的好坏和水平的高低主要取决于它具有的知识。

知识是对于一个主题或一个领域在理论或实践上的理解。任何一个人如果在特定领域里有了深厚的知识(表现在事实和规则两个方面)和强大的实践经验,那么此人就可被称为专家。

在专家系统中,最常用的表达知识的方法是"产生式规则"(简称规则)。在人工智能学科中,规则是最常用的知识表达方式。定义规则的语句为 IF – THEN 语句,IF 部分是给定的信息或事实,THEN 部分则是相应的行为。规则用于描述如何判断问题、解决问题,其创建简单并易于理解。基于规则的专家系统也常被称为产生式专家系统。

基于规则的专家系统的基本要件包括综合数据库、产生式规则和推理控制系统。

综合数据库是规则系统中主要的数据结构,用来记录已知的事实、推理的中间过程和最终的结论。

产生式规则的作用是操作综合数据库。

规则的基本语法是:

```
IF      <前提>
THEN    <结论>
```

规则的前提部分是可以和综合数据库进行匹配的任何模式,一旦匹配成功,则执行规则的结论部分,该部分也可以执行某种动作。

例如:

```
IF      the 'traffic light' is green
THEN    the action is go
IF      the 'traffic light' is red
THEN    the action is stop
IF      the 'traffic light' is yellow
THEN    the action is slow down
```

规则的前提包括对象(语言对象)和值两部分。在上面的例子中,语言对象是 traffic light,可以取值 green、red 或 yellow。

在实际应用中,规则可以有多个前提,因为事物往往会有多个前提或诱发条件。这些前提通过关键词 AND(与)、OR(或)进行连接以表达各个前提之间的逻辑关系。例如:

```
IF      <前提 1>
AND     <前提 2>
AND     <前提 3>
        ……
THEN    <结论>

IF      <前提 1>
OR      <前提 2>
OR      <前提 3>
        ……
THEN    <结论>
```

4.7.2 知识库设计

(1) 产生式规则

我们的高考专业报考专家系统针对教育领域。系统用产生式规则表示知识,共 15 条规则,可以给出 10 种专业的推荐意见。

涉及的 10 种专业是:

数学、物理、计算机、建筑、机械、管理、金融、语言、政治、哲学。

可以对这 15 条规则进行进一步的扩展,形成庞大的知识库,因为对某一个人的特质的判别是非常复杂的,这里只是做一个相对简单而完整的原型系统。高考专业报考专家系统知识库中的规则见表 4-4。

表 4-4　高考专业报考专家知识库

Rule 1	Rule 2	Rule 3	Rule 4	Rule 5	Rule 6	Rule 7	Rule 8	Rule 9	Rule10
IF 喜欢数字 AND 擅长推理 THEN 选数学专业	IF 喜欢数字 AND 擅长想象 THEN 选物理专业	IF 喜欢数字 AND 擅长动手 THEN 选择计算机专业	IF 控制欲强 AND 不擅交流 THEN 选择计算机专业	IF 控制欲强 AND 擅长交流 THEN 选择管理专业	IF 喜欢时事新闻 AND 擅长动手 THEN 选择管理专业	IF 喜欢美术 AND 空间感强 THEN 选择建筑专业	IF 喜欢美术 AND 喜欢旅游 THEN 选择建筑专业	IF 擅长动手 AND 空间感强 THEN 选择机械专业	IF 不喜欢数字 AND 擅长动手 AND 擅长想象 选择机械专业

Rule11	Rule12	Rule13	Rule14	Rule15	Rule16	Rule17	Rule18	Rule19	Rule20
IF 喜欢语言文字 AND 擅长交流 THEN 选择语言类专业	IF 喜欢语言文字 AND 擅长想象 THEN 选择语言类专业	IF 喜欢语言文字 AND 不擅长交流 AND 擅长推理 THEN 选择哲学专业	IF 喜欢数字 AND 喜欢时事新闻 THEN 选择金融专业	IF 喜欢时事新闻 AND 擅长思辨 THEN 选择政治专业	…… （扩展接口）				

（2）综合数据库（事实库）

事实数据库包含一组事实，用来匹配存储在知识库的 IF（条件）部分，也包括结论。事实（fact）通过用户界面从用户的输入数据获取。在本文的高考专业报考专家系统中，涉及的事实见表 4-5。

表 4-5　高考专业报考专家系统中的事实

序　号	事　实	序　号	事　实
1	（不）喜欢数字(like_number)	12	擅长思辨(like_think)
2	擅长推理(like_reason)	13	数学(math)
3	擅长想象(like_image)	14	物理(physics)
4	擅长动手(like_DIY)	15	计算机(computer)
5	（不）擅长交流(like_communicate)	16	建筑(architecture)
6	控制欲强(like_control)	17	机械(mechanics)
7	喜欢实事新闻(like_news)	18	管理(management)
8	喜欢美术(like_paint)	19	金融(finance)
9	空间感强(like_space)	20	语言(language)
10	喜欢旅游(like_travel)	21	政治(politics)
11	喜欢语言文字(like_word)	22	哲学(philosophy)

通过二维数组的数据结构来表示知识库,第一维表示事实(fact)的唯一标识 ID 号,第二维存储具体事实名称,主要用于交互显示。为了便于存储,省去了中文字符说明,统一用英文字符表征事实。

在具体的表征、匹配知识库时,可利用事实的 ID 号直接操作,提高系统处理效率。

我们的高考专业报考专家系统中的知识库如表 4-6 所示。

表 4-6　通过二维数组的结构存储知识数据库

ID	1	2	3	4	5
事实名称	like_number	like_reason	like_image	like_DIY	like_communicate
ID	6	7	8	9	10
事实名称	like_control	like_news	like_paint	like_space	like_travel
ID	11	12	13	14	15
事实名称	like_word	like_think	math	physics	computer
ID	16	17	18	19	20
事实名称	architecture	mechanics	management	finance	language
ID	21	22			
事实名称	politics	philosophy			

在进行推理与匹配时,直接用 ID 表示即可,例如:

```
Rule 1:IF 喜欢数字
       AND 擅长推理
       THEN 选数学专业
```

可表示为

```
｛1,2｝→ ｛13｝
```

4.7.3　数据结构设计

(1)事实库

首先将我们这个系统的事实做成一个全局的二维数组,代码如下:

```
char * strFacts[] =
{
  "number", "reason", "image", "DIY",  "com",
  "control","news"  , "paint", "space","travel",
  "word",   "think", "math",   "physics","computer",
  "architecture","mechanics","management","finance","language",
  "politics","philosophy"
};
```

事实库的结构如图 4-29 所示,我们通过链表的形式将相关的事实串起来形成事实库。事实号是表征事实的代号,事实名就是在表 4-6 中所列出的所有条目。激活状态是指当前事实已知被推理机所激活。状态表示该条事实的结论,取值为"真"、"假"、"不确定"三种。初始情况下,状态都是"不确定"。

通过 C＋＋定义事实结构体:

| 事实号 | 事实名 | 激活标志 | 状态 | | → 下一条事实 |

图 4 - 29　事实库的数据结构

```
struct Fact
{
  int   ID;
  char name[21];
  int   active;
  int   status;
};
```

（2）规则库

规则库中的前提：

```
int ruleP[][4] =
{
  {1,2,0,0},{1,3,0,0},{1,4,0,0},{-5,6,0,0},{5,6,0,0},
  {4,7,0,0},{8,9,0,0},{8,10,0,0},{4,9,0,0},{-1,3,4,0},
  {5,11,0,0},{3,11,0,0},{2,-5,11,0},{1,7,0,0},{7,12,0,0}
};
```

规则库中的结论：

```
int ruleC[] =
{
  13, 14, 15, 15, 18,
  18, 16, 16, 17, 17,
  20, 20, 22, 19, 21
};
```

对于"规则"而言，其构成成本并不简单，需要有一个 ID 号标识它，需要有一个前提链表来链接它所有的前提条件，也需要有结论部分，还需要一个指针以便链接所有的规则，最终形成一个整体规则库。基于此，需要设计一个结构体来表征"规则"，如图 4 - 30 所示。

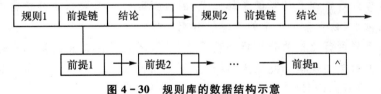

图 4 - 30　规则库的数据结构示意

定义规则结构体：

```
struct   Rule
{
  int ID;
  char * name;
  PreconditionList * PreList;
  int    conclusionID;
};
```

其中 PreconditionList 为前提链表，定义为：

```
struct   PreconditionList
{
  int ID;
  PreconditionList * next;
};
```

IT 小知识——大数据时代

如今,科技界最火的名词非"大数据"莫属。因为,数据正改变着人们的生活。

随着科技的进步,"数据"已经逐渐成为像水和空气一样宝贵的资源。

一分钟内,微博推特上新发的数据量超过 10 万;社交网络"脸谱"的浏览量超过 600 万……这些庞大的数字意味着什么?

它意味着,一种全新的致富手段也许就摆在面前,它的价值堪比石油和黄金。

事实上,当你仍然在把微博等社交平台当作抒情或者发议论的工具时,华尔街的敛财高手们却正在挖掘这些互联网的"数据财富",先人一步用其预判市场走势,而且取得了不俗的收益。

这些数据都能干啥?

● 华尔街根据民众情绪抛售股票。

● 对冲基金依据购物网站的顾客评论,分析企业产品销售状况。

● 银行根据求职网站的岗位数量,推断就业率。

● 投资机构搜集并分析上市企业声明,从中寻找破产的蛛丝马迹。

● 美国疾病控制和预防中心依据网民搜索,分析全球范围内流感等病疫传播状况。

● 美国总统奥巴马的竞选团队依据选民的微博,实时分析选民对总统竞选人的喜好。

最早提出"大数据"时代到来的是全球知名咨询公司麦肯锡。麦肯锡公司称:"数据,已经渗透到当今每一个行业和业务职能领域,成为重要的生产因素。人们对于海量数据的挖掘和运用,预示着新一波生产率增长和消费者盈余浪潮的到来。""大数据"在物理学、生物学、环境生态学等领域以及军事、金融、通信等行业存在已有时日,却因为近年来互联网和信息行业的发展而引起人们关注。

随着云时代的来临,大数据也吸引了越来越多人的关注。大数据通常用来形容一个公司创造的大量非结构化和半结构化数据,这些数据在下载到关系数据库用于分析时会花费过多的时间和金钱。大数据分析常和云计算联系到一起,因为实时的大型数据集分析需要像 MapReduce 一样的框架来向数十、数百甚至数千的计算机分配工作。

"大数据"在互联网行业指的是这样一种现象:互联网公司在日常运营中生成、累积的用户网络行为数据。这些数据的规模如此庞大,以至于不能用 G 或 T 来衡量,大数据的起始计量单位至少是 P($P=10^3$ 个 T)、E($E=10^6$ 个 T)或 Z($Z=10^9$ 个 T)。

数据的获取越来越容易,数据量也越来越大,已经呈现海量之势,如何在数据的海洋里发现宝藏是未来科技界的一个重要课题。

第 5 章

基层加工单元——函数

5.1 为什么需要函数——三大视角看函数

上一章讲解了 C++程序的加工对象——数据。下面就要真正进入数据的加工单元了。在 C++中,函数就是起到对数据进行处理和加工作用的。

首先,来深入地理解一下函数的意义。我们从三个不同的视角来看函数存在的意义和价值。

(1) 自底向上视角

一个程序可以全部以单条语句组成,在没有错误的前提下,虽然这样的程序也可以运行,但是程序丝毫没有可读性和可维护性。如果程序以这种原始的面貌示人,估计不会有人会喜欢看,因为看不懂。

实际上,假如真的把程序写成全部以基本语句组成的样子,你会发现其中有很多重复出现的、具有相同功能的代码。这时候如果把这些功能相同的程序语句放在一起,并加以命名,形成一个模块,就可以节省许多力气,下次再需要完成相同功能的时候直接用这个名字来代替那些重复的代码即可,而不用复制粘贴了。这个带名字的模块就被称为“函数”。

这就是看待函数的第一个视角:替换相同代码,使程序清晰可维护。

这是一种自底向上的视角,是从最基本的语句角度来看函数在程序中的意义的,如图 5-1 所示。

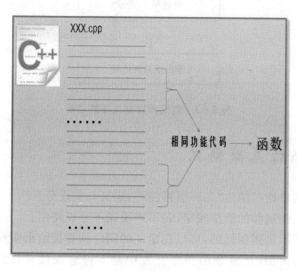

图 5-1 代码替换意义下的函数

(2) 自顶向下视角

编写程序是为了完成一项任务。这个任务往往并不像“1+1”这样的问题那样简单。人类思维解决问题的方式是“化繁为简”:将复杂的任务分解为简单的子任务。在程序设计中,这样解决问题的方式就体现在函数式思维上。函数往往就是意义、功能相对简单的模块,它们的名称就可以体现它们要干的事情。

这是一种自顶向下的视角,是从程序整体设计的角度看待函数的,如图5-2所示。

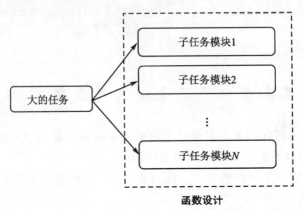

函数设计

图5-2 模块化思维意义下的函数

(3) 数据处理黑盒视角

在本书的体系中,函数被看作数据处理的单元,是一个"黑盒",如图5-3所示。

处理对象——数据输入到这个处理单元后,经过处理后给出相应的处理结果。我们可以自己编写函数,也可以直接调用C++自带的库函数。

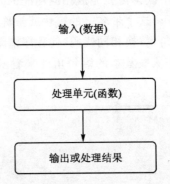

图5-3 数据处理意义下的函数

5.2 C++函数的基本语法

函数的用法可以简单地归结为"先声明再使用,定义与实现分开"。

"先声明再使用"是强制性的语法规定,若不声明就不可以使用。

"定义与实现分开"不是强制性的,可以在定义的同时就直接给出实现代码,这在简单的小程序中是可以的,但在更大型、更复杂的程序开发中是不符合现代软件开发规范的。下面具体说明。

(1) 函数的声明

给出一个函数的原型,包含函数的名称、参数、返回值。声明好以后,编译器就知道了该函数的存在。函数的声明一般放在头文件(以. h 为扩展名)中,它像是一份函数的清单说明。

（2）函数的定义

将函数的具体实现写出来。函数的定义和函数的声明可以写在同一个文件内,也可以将声明写在头文件,而将定义写在源文件(以.cpp 为扩展名)。编程实践中以后一种做法更为常见。

（3）函数的使用

在程序中可以使用已经定义好的函数。注意,函数之间是可以互相调用的,而且函数还可以调用自身(此时称为函数的递归调用,在稍后会有专门小节详述)。

以上三者的顺序如图 5-4 所示。

图 5-4　函数的用法三要素

声明是首要的,因为它宣告了一个函数的诞生。即使暂时没有给它赋予具体的代码也没有关系,这在进行系统顶层设计时非常重要。先想好自己的程序具有哪些处理功能(函数),而后声明之,到后面再具体实现。

> **提示**　尽量多掌握库函数。
>
> 当编写程序需要完成某种功能时,首先应查看现有的库中是否已经提供了可实现该功能的库函数。重复编写函数库中已有的函数,不仅浪费时间和精力,而且自己编写的函数往往不可能比库函数的运行效率高、鲁棒性强,因为库函数都是经过非常严格的测试和检测的。因此,在掌握编程语言的基本语法后,多多学习和了解库函数对自己的编程大有裨益。

5.3　函数的"手段"——流程控制

函数通过控制结构来把控代码。计算机科学家已经证明,任何程序只用 3 种控制结构就可以实现,它们是顺序结构、选择结构和循环结构。通过这 3 种结构的有机结合,就可以实现结构化的程序设计。

5.3.1　顺序结构——程序的自然化流水

顺序结构是使用最多、最基本也最简单的控制结构,任何高级编程语言皆是如此。在函数体内的基本语句,如果没有碰到跳转语句,那么就是按照顺序依次执行的。顺序结构是其他控制结构的基础。

5.3.2　选择结构——程序分支走向的控制

计算机最为基本的功能就是计算和逻辑判断。这种功能在 C++编程语言中的体现就是选择结构。选择结构控制着程序指向不同的分支。

C++中提供了两种进行条件判断的语法,一个是 if−else 语句;另一个是 switch 语句。前者适用于较少的分支走向控制,后者则更加适用于较多分支的走向控制。

1. if 结构

if 结构可以有 if(单选择)、if/else(双选择)、if/else if/else(多选择)3 种,其形式分别为:

（1）单选择

```
if(条件表达式)
{
    语句序列
}
```

（2）双选择

```
if(条件表达式)
{
    语句序列 1
}
else
{
    语句序列 2
}
```

（3）多选择

```
if(…)
{
    ……
}
else if(…)
{
    ……
}
else if(…)
{
    ……
}
else
{
    ……
}
```

if 语句的流程控制示意如图 5-5 所示。

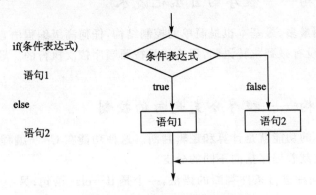

图 5-5　if 语句的流程控制示意

2. if 结构中变量与零值的比较

if 结构中最常用、最重要、最容易出现错误的就是变量与零值的比较问题。不同的变量类型与零值比较具有不同的判断格式，请读者务必谨记。

（1）布尔变量与零值的比较

假设有一个布尔型变量 bValue，则它与零值比较的标准 if 语句为：

```
if( bValue )              //表示 bValue 为真
if( ! bValue )            //表示 bValue 为假
```

（2）整型变量与零值的比较

假设有一个整型变量 iValue，则它与零值比较的标准 if 语句为：

```
if(iValue == 0 )          //表示 iValue 为真
if( iValue ! = 0)         //表示 iValue 为假
```

有时在程序中会看到下面的写法：

```
if( 0 == iValue )         //表示 iValue 为真
if(0 ! = iValue )         //表示 iValue 为假
```

之所以这样写，是为了防止将"=="误写成"="的错误，这也是 if 语句中最常发生的错误，而且由于其语法上没有错误，在编译过程中无法被检查出来，所以很难排查出来。比如下面的程序：

```cpp
# include <iostream>
using namespace std;

int main( void )
{
  int a, b, c;
  cout << "请输入整数 a 的值:";
  cin  >> a;
  cout << "请输入整数 b 的值:";
  cin  >> b;
  c = a - b;
  if ( c = 0 )               //此时 c 的值已经变成 0,判断语句误写成赋值语句
    cout << "a 等于 b" << endl;
  else
    cout << "a 不等于 b" << endl;
  return 0;
}
```

运行程序后，你会发现无论输入 a 和 b 的任何值，程序都是输出"a 不等于 b"。究其原因就在于 if(c = 0)这一语句中，将条件表达式 c == 0 误写成了赋值表达式 c=0。这样，c 本来的值就被 0 覆盖，等效于 if 条件永远为假，再也不会执行其相应的分支。

为了有效防止这种情况，将常量写在前面 0 == c，如果误写成 0 = c，则会被编译器轻易查出，因为 0 = c 是语法错误的。

if 失效的情况如图 5-6 所示。

 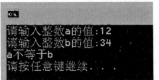

图 5-6　输出结果都是一样的，if 判断失效

（3）浮点变量与零值的比较

计算机表示浮点数（float 及 double 类型）都有一个精度的限制，如果超出了其精度范围，则超出精度的小数部分会被截断。这样一来，原本概念上不相等的两个数就会被计算机判断为相等。

例如下面的程序：

```cpp
#include <iostream>
using namespace std;

int main( void )
{
  float a = 1.1234567890;
  float b = 1.1234567891;
  if ( a == b )
    cout << "a等于b" << endl;
  else
    cout << "a不等于b" << endl;
  cout << a << "," << b << endl;
  return 0;
}
```

程序运行结果如图 5-7 所示，从结果可以看到，由于计算机的精度限制，两个实数被判定为相等，if 语句失效。

图 5-7　计算机精度限制下实数比较的失效

同样，当一个实数与零进行比较时，也可能由于精度限制发生比较错误的情况。

正确比较两个实数的做法是事先指定一个可接受的误差范围，当实数之差小于这个误差范围时，则认为两者相等，否则为不相等。这种做法在工程实际中被普遍使用。

假设定义精度为 PRECISION = 1e-6，则两个实数变量 x 与 y 相比较的正确语句是：

```cpp
#define PRECISION = 1e-6
if( abs(x-y) ) <= PRECISION      //x 等于 y
if( abs(x-y) ) > PRECISION       //x 不等于 y
if( abs(x) ) <= PRECISION        //x 等于 0
if( abs(x) ) <= PRECISION        //x 不等于 0
```

（4）指针变量与零值的比较

指针零值的含义是空指针，也就是当前这个指针不指向任何内存，一般用 NULL 来表示指针零值而不是直接用 0，以使其意义更加明确。

假设指针变量为 p，则它与零值比较（判断其是否为空指针）的标准 if 语句如下：

```cpp
if( p == NULL )     //p 为空指针，用 NULL 表示零值，强调 p 为指针变量
if( p != NULL )     //p 非空，指向某对象内存
```

3. switch 结构

switch 是多分支的选择结构，相比于多层嵌套的 if 语句，switch 结构具有更高的效率、更清

晰的结构。

switch 结构的基本格式为：

```
switch(整数表达式)
{
  case 表达式的值 1:
      语句序列
      break;
  case 表达式的值 2:
      语句序列
      break;
  ……
  default:
      语句序列
      break;
}
```

switch 语句的控制结构示意如图 5-8 所示。

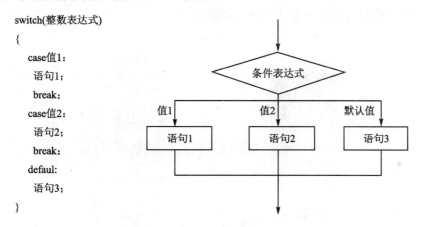

图 5-8　switch 语句的控制结构示意

提示

① switch 只对整数表达式进行判断，其他非等价类型是不行的。

② switch 结构没有自动跳出功能，因此每个 case 子句的结尾一定要加上 break；否则，当表达式与某一个 case 子句匹配成功并执行完相应语句后，会接着执行下面 case 子句的语句序列。

③ 最好不要忘记最后的 default 子句，它是处理默认情况的。增加默认情况处理可使程序更加清晰和健壮。

5.3.3　循环结构——数学家与计算机科学家思维的区别

1. 数学家与计算机科学家思维的区别

计算机科学脱胎于数学。前面曾经提到，良好的数学素养对于学习计算机科学来说具有重要的意义。不过，计算机科学毕竟是一门独立的学科，与数学有着本质的不同。最根本的区别是两者思维方式的不同。

举一个例子。

提问：从 1 加到 100，和是多少？

这是一个著名的例子。上小学的时候,我们都接触过这个题目。尤其是对伟大的数学家高斯的聪明才智钦佩不已。

现在给出的场景:拿同样的一个问题来问一个数学家和一个计算机科学家,他们各自的解决方案是什么?

数学家的解决方法是:利用等差数列的理论,给出一般化的公理,即 $S＝n(n＋1)/2$,代入 n 得到最终的结果是 5050。

计算机科学家的方法是:由于从 1 到 100,数字以每步递增 1 的方式增长,通过计算机的累加运算来不断迭代,从而得到结果 5050。

从中可以看出数学家与计算机科学家思维方式的根本区别。

数学家注重理论推演、分析、证明,力图通过理论分析与建模直接给出问题的解析解。而计算机科学家则挖掘问题的可计算性,通过计算机的迭代运算来得到问题的数值计算解。

计算机的最大优势就是可以进行大量重复性劳动而丝毫不知疲倦,并且结果精准。从这一点来说,它是人类智能的延伸工具。在这个过程中,程序的循环控制结构起到了核心的作用。

数学家与计算机科学家思维方式的区别如图 5-9 所示。

1+2+3+⋯+100=?

数学家　　　　　　　　　　　计算机科学家

$S=N(N+1)/2$　　　　　for(i=1; i<=100; i++)
=5050　　　　　　　　　{   S=S+1;}

理论解析值　　　　　　　　　迭代计算

图 5-9　数学家与计算机科学家思维的区别

2. for 循环

for 循环是 C++中使用频率最高的循环控制结构。其语法格式为:

```
for(起始值设置式;条件判断式;参数改变式)
{
    循环体语句
}
```

起始值设置:设置循环变量的起始值。

条件判断式:决定循环是否继续的条件,如果条件满足,则循环继续运转;否则,循环停止,接着处理 for 循环后面的语句。

参数改变式:每次循环结束前执行的语句,通常是某一个特定参数的递增及递减。

例如,求 1 到 100 之和,通过 for 循环实现的程序为:

```
#include <iostream>
using namespace std;

int main( void )
{
```

```
int sum = 0;
int i;
for ( i = 1; i <= 100; i + + )
{
  sum = sum + i;
}
cout << "1 + 2 + 3 + ··· + 100 = " << sum << endl;
return 0;
}
```

3．while 循环

while 循环的使用方法是：

```
while(条件表达式 )
{
  语句序列
}
```

还有一种 do－while 循环,本质上和 while 没有太大区别,现在较少使用。

4．continue 与 break

这两条语句用来终止循环。其区别是：

continue 用来结束本次循环内的操作,而进入下一次的循环。

break 则直接跳出循环体,进行后面的操作。

continue 和 break 语句都容易让程序脱离循环控制结构的规范,所以应小心使用。

5．goto 语句——程序执行中的"任我行"

goto 语句可以实现任意跳转,类似于汇编语言中的 jmp,因此 goto 语句是低级语言在高级语言中的"残留代表"。goto 语句非常灵活,不受约束,可称为程序中的"任我行"。在历史上,曾经因为它太随意和灵活,以致破坏了程序的可读性,所以曾被建议废止使用。

目前,goto 语句用得已不算太多,最主要的用处是可以实现在多层嵌套的循环中直接跳转出来。

5.4　函数的"通信"——参数与返回值

5.4.1　函数的"通信入口"——输入参数

函数作为"基层加工单元",是组成程序的不同功能模块。在运行过程中这些基层功能模块之间不可能相互"不理睬",而是要经常"交流"。只有紧密合作才能做成事情、完成任务。那么函数之间如何"交流"呢？

在 C++程序中,函数与函数之间可以通过函数参数、函数返回值和全局变量进行通信。全局变量的使用应当慎重,特别是在大型程序中,由于其作用范围过大,破坏了封闭性,有时会引起难以发现的错误。

函数参数是输入外部信息的接口。下面先来介绍这个信息输入通道。

函数的参数分为形式参数和实际参数。

形式参数是定义函数时放在函数名称后括号内的参数。在函数未被调用时,系统不对形式参数分配内存。在函数被调用时,系统会立刻给形式参数分配内存。调用结束后,再释放掉形式参数的内存。

实际参数是在函数调用时,真正赋值给函数的参数,也就是真正进入函数的"加工物料"。

可见,在调用函数时,"加工物料"——数据借助形式参数的外衣,化身为实际参数,从而真正进入"基层加工单元"进行加工。

但数据借助参数进入函数却并不简单,不同的数据类型、不同的传递方式都有不同的方式,必须弄清楚,否则极易出错。

（1）传值

传值是最简单的方式,但在下面这种情况下,被传入函数的参数不会改变。

```cpp
void f( int x )
{
  x = x + 1;
}
int main( void )
{
  int a = 0;
  f( a );
  cout << a << endl;
  return 0;
}
```

最终的输出结果仍然是 0,a 的值并没有改变。

原因是:在调用 f()并传入变量 a 时,系统会生成一个 a',函数真正在操作、加工的是 a' 而不是 a,所以最终 a 的值不会改变。

（2）传引用

传值方式既然无法改变传入的实际参数的值,那么如何才能改变实参的值呢？ 在 C++中,一般采用通过传引用的方式。

"引用"是同一个变量的别名,例如下面的语句:

```cpp
int N;
int &M = N;
```

定义了一个整型变量 N 的引用 M,M 就是 N 的一个别名。此后对 M 的操作等效于对 N 的操作,对于 M 所做的任何变化都等同于直接作用于 N 上。

注意:这里的引用声明符号"&"同取址运算符是相同的,但二者的意义完全不同。

通过传递引用的方式重写上面的程序:

```cpp
void f( int &x )
{
  x = x + 1;
}
int main( void )
{
  int a = 0;
  f( a );
  cout << a << endl;
  return 0;
}
```

运行程序,可以看到 a 变成了 1。可见,通过传引用切切实实地改变了传入数据的值。

（3）传一维数组

当数组作为参数时,函数就是直接对数组本身进行操作。也就是说,数组作为参数时,就是引用型的。

将一维数组作为参数时,函数的声明方法为:

```
void  f( int x[ ], int n )
{
  ......
}
```

注意:对于第一个参数位置上的数组的定义,只需要写出中括号即可,不需要指定数组长度,比如写成 f(int x[10]/ int n),就多此一举了,里面的 10 会被编译器所忽略。函数中第二个参数 n 是将数组作为参数函数时的习惯写法,用来说明将来要传进函数进行加工的数组元素的个数,并不是指数组的总长度。

【例程 5 - 1】　将一维数组变为逆序。

```
#include <iostream>
using namespace std;

void  InvertArray( int a[], int n )
{
int i, j, temp;
for ( i = 0, j = n-1;  i < j;  i++,j-- )
{
  temp = a[i];
  a[i] = a[j];
  a[j] = temp;
}
}

void  PrintArray( const int a[], int n )
{
for ( int i = 0; i<n; i++)
{
  cout << a[i] << " ";
}
cout << endl;
}

int  main( void )
{
  int a1[5] = { 1,3,5,7,9 };
  int N = sizeof(a1)/sizeof(int);   //计算数组元素个数
  cout << "逆序前的数组:";
  PrintArray( a1,N );
  InvertArray( a1, N );             //将数组元素逆序
  cout << "逆序后的数组:";
  PrintArray( a1,N );
  return 0;
}
```

运行程序,可得结果如图 5 - 10 所示。

(4) 传二维数组

将二维数组作为函数参数时,函数的声明方法如下:

图 5－10　将一维数组逆序

```
void   f( int x[ ][maxSize], int n )
{
   ……
}
```

须要注意的是,当以二维数组作为函数参数时,第一个中括号内的参数可以省略,而第二个中括号内的参数是不可以省略的,必须明确指出,上面代码中的 maxSize 即是给出的具体值。另外,当具体值传入二维数组时,其第二个中括号内的数值必须等于 maxSize,否则报错。

5.4.2　函数的“通信出口”——输出结果

一个函数处理完数据后,一般要输出结果给外界。函数的输出结果可以有一个,也可以有多个。

（1）输出单个结果

输出单个结果通过 return 语句实现。例如:

```
int   f( int a )
{
   int b = 2 * a;
   return b;
}
```

这里返回的数值类型应当与函数声明中返回值类型一致,如果不一致,则会强制转换为函数返回值类型。

如果没有返回值,函数则声明为 void 类型。

返回的数值不能是数组类型。

（2）输出多结果

return 语句只能输出一个结果,但如果想要输出的数据多于一个甚至很多,怎么办呢?

这时候就又得请函数参数出山了。

通过上面的介绍知道,通过引用方式传递入函数的数据,其值可以在函数体内修改,这样一来,这些数据的“入”和“出”都是走的函数参数这一通道。例如下同的程序,其参数 a 和 b 都以引用的方式进入函数体,最终都被改变值。

```
void   f( int &a,   int &b )
{
   int a = 2 * a;
   int b = 2 * b;
   return;
}
```

如果想返回数组类型,直接将其传入函数,处理后即可直接得到新的数组。

```
void   f( int a[], int n )
{
    for( int i = 0; i<n; i++ )
        a[i] = a[i] * 2;
    return;
}
```

5.5　函数的"72变"——重载

（1）重载概念

在 C++ 语言中，可以将功能相似的几个函数用同一个名字表示，这称为函数的重载。函数重载减少了名字数量，而且便于记忆，给编程带来了很大的方便。

例如：

```
int Max( int a, int b);
double Max( double a, double b, double c );
float Max( float a[], int n );
```

第一个函数计算两个整数中的最大值，第二个函数计算 3 个实数中的最大值。两个函数的本质功能是一样的，如果分别起不同的名字则太过烦琐。所以，利用函数重载机制就可以简化函数的命名和使用。

虽然名字相同，但是重载的每个函数毕竟是不同的函数，编译器是如何真正区别这些函数的呢？答案是通过函数的参数列表和返回值。

但须要注意的是，通过参数列表是肯定可以区别每个重载函数的，但仅仅通过返回值类型的不同有时是无法区别的，为了避免这种模糊性，编译器就不允许只根据返回值的不同来重载。

例如下面的声明是通不过编译的，原因就是返回值的不同无法真正区分函数。

```
int Max( int a, int b );
double Max( int a, int b );    //编译无法通过,仅通过返回值无法区分重载函数
```

（2）函数默认值

在 C++ 中可以在函数声明时给参数一个默认值。这样，在函数调用时，对应的实参就可以省略不写。这样做的主要原因是，某些函数参数的变化不是很大，有时可能多次用同样的参数值，这时使用默认值就会带来一些方便。

例如如下函数：

```
void   f( int a, int b, int c, int d );
```

其中 c 和 d 并不是使用特别频繁，可以用默认值，那么此时就可在函数声明中将 f 写为：

```
void   f( int a, int b, int c = 0, int d = 10; );
```

在具体使用时，可以根据是否用到 c 和 d 来决定 f 的具体调用形式。例如：

```
……
f(1, 5, 3, 10);        //a,b,c,d 都需要赋值
f(1, 5, 3);            //d 使用默认值
f(1,5);                //c,d 都使用默认值
```

须要注意是：默认值的设置是从右到左，即下面的几种设置方法都是错误的。

```
void   f( int a, int b = 0, int c, int d ; );
void   f( int a, int b = 0, int c = 0, int d; );
void   f( int a, int b = 0, int c, int d = 10; );
```

5.6　函数的"利器"——递归

记得有一位计算机系的教授曾经问笔者:虽然其他专业也有很多程序写得很好的人,但你们知道计算机科班与非科班的区别吗?

答案是:是否会用递归。

足见,递归在计算机科学中的重要性(见图5-11)。

递归算法在可计算性理论中占有重要地位,它是算法设计的强有力工具,对于拓展编程思路、提高编程智慧非常有用。虽然递归在数学上不难理解,也不涉及太多理论,但是真正建立起递归的概念并能在编程中自觉应用则非常不容易。递归程序的设计往往需要较好的分析能力,是程序竞赛、笔试、面试中常见的内容。

计算机科班的重要标志——会使用递归

递归的思想是化繁为简,将复杂的问题逐步分解为简单可处理的小问题。

递归的表现形式是函数自己调用自己。

图5-11　递归在计算机科学中非常重要

递归必须满足以下两个条件:

① 在每一次调用自己时,必须是(在某种意义上)更接近于解。

② 必须有一个终止处理或计算的准则。

【例5-1】 利用递归算法求 $n!$

阶乘的定义式可以写为如下公式:

$$n! = n \times (n-1) \times (n-2) \cdots 3 \times 2 \times 1$$

$$F(n) = \begin{cases} 1 \cdot n = 0 \\ n \times F(n-1), n \geqslant 1 \end{cases}$$

```cpp
#include <iostream>
using namespace std;

int Factorial( int n );

int main( void )
{
  int fac, n;
  cout << "请输入一个 12 以下的整数:" << endl;
  cin >> n;
  fac = Factorial(n);
  cout << n << "的阶乘是:" << fac << endl;
  return 0;
}

int Factorial( int n )
{
```

```
  if( n == 0)
    return 1;
  else
    return n * Factorial( n-1 );
}
```

上面的例子是递归的一个非常简单的展示。计算整数阶乘也可以通过递推来实现,而且效率高很多。因此,对于阶乘这样简单的问题,递归并不能展示出优势。但是有些问题,递推算法很难写出,最典型的例子是汉诺塔问题。

【例程 5-2】　汉诺塔问题。

著名的汉诺塔问题是指:有 3 个分别命名为 a,b,c 的塔座,在塔座 a 上放在 n 个直径不等、按从小到大依次编号为 $1,2,\cdots,n$ 的圆盘。要求将塔座 a 上的 n 个圆盘移到 c 上,并且仍按同样的顺序叠放。在移动圆盘的过程中,就遵循如下 3 条规则:

① 每次只能移动一个圆盘。

② 每个圆盘可放置在 a,b,c 任意一个塔座。

③ 任何时刻都不能将一个较大的圆盘压在较小的圆盘上。

图 5-12 所示是含有 4 个盘子的汉诺塔的初始状态。

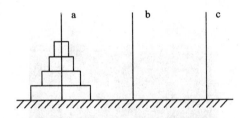

图 5-12　4 个圆盘的汉诺塔问题的初始状态

显然,乍一看这样的问题会感觉非常棘手,无从下手。在这里,想找到一个可简单重复的循环递推公式几乎是不可能,所以要从递归的思路入手。递归的思想是从上向下考虑问题,将大问题逐步化为小问题,直至到可解决的基本问题。

当 $n=0$ 时,没有盘子可移动,此时什么也不用做。

当 $n=1$ 时,直接将 1 号盘子从 a 移动到 c。

当 $n=2$ 时,先将 1 号盘子从 a 移动到 b,再将 2 号盘子从 a 移动到 c,最后将 1 号盘子从 b 移动到 c。

对于一般的 n 个盘子的情况,可借助 c 将前 $1\sim(n-1)$ 个盘子从 a 移到 b,而后将 n 号盘子从 a 移动到 c,最后将 $n-1$ 个盘子借助 a,从 b 移动到 c。这就是借助递归的思想来解决问题。

最后给出解决含有 3 个盘子的汉诺塔问题的程序。

```
#include <iostream>
using namespace std;

void Move( char from, int n, char to );
void Hanoi( int n, char a, char b, char c );

int main( void )
{
  Hanoi( 3, 'a','b','c');
```

```
    cout << endl;
    return 0;
}

void Hanoi( int n, char a, char b, char c )
{
    if ( n>0 )
    {
        Hanoi(n-1,a,c,b);
        Move(a,n,c);
        Hanoi(n-1,b,a,c);
    }
}

void Move(   char from, int n, char to )
{
    cout << "编号为a" << n <<"的盘子从" << from <<"塔移动到"<< to <<"塔";
    cout << endl;
}
```

程序运行结果如图5-13所示。

图5-13　3个圆盘的汉诺塔问题的解决方法

5.7 函数的"吞吐"——文件与控制台

　　函数是数据加工的基层单元,数据则是加工物料。那么"物料"通过怎样的通道进入"加工单元"呢?

　　输入数据可以分为两种:已知数据和未知数据。已知数据是已经能够确定的输入数据,对于这种数据,如果数据量比较小,可以直接写入到源文件中。如果数据量大,而且与程序相独立,则需要通过文件来保存。未知数据则是指需要在运行过程中,用户给出的数据,这些数据在开发程序时是不知道的,需要在运行时用户给出,因此是动态的。在上面章节的例程中,已经有多次需要用户输入数据的情况,在C++中,称这种情况为控制台输入。

　　"物料"加工完以后,如何流出"加工单元"呢?

　　如果结果数据量小,如主要用于展示,则通过控制台输出即可;如果数据量比较大,如需要对数据进行进一步的处理及分析,则要将数据保存到文件中去。

　　总结一下:数据通过控制台、文件两大平台来进出函数。控制台主要用于小数据量的吞吐,文件则针对大数据量的吞吐。

　　其中,文件作为数据输入与保存的方式具有重要地位,如图5-14所示。

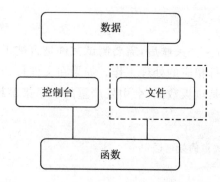

图 5-14 函数"吞吐"数据的两个途径

（1）控制台的输入与输出

所谓控制台，就是以键盘作为数据输入，以显示器作为数据输出方式。整个的显示背景就是黑底白字的那种简约的风格。

首先回顾一下标准的输入与输出管道。

```
#include <iostream>
using namespace std;

int main( void )
{
  int n;
  cout << "请输入一个整数:" << endl;
  cin >> n;
  cout << "您输入的整数是:" << n << endl;
}
```

在程序中，cin 是一个输入数据流对象，cout 是一个输出数据流对象，它们分别代表了与键盘和显示器的连接管道，如图 5-15 所示。

cin、cout 分别属于 istream 和 ostream 类，它们都定义在<iostream>中。

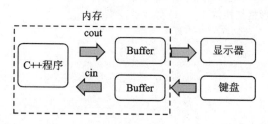

图 5-15 控制台中输入与输出数据流示意

（2）从文件中读取数据

从文件中读取数据，需要使用输入文件流。建立与某文件相关联的输入文件流的方法是：

```
ifstream  fin("data.txt");
```

其中，ifstream 是数据类型，表示输入文件流；fin 是变量名，代表一个输入文件对象变量；括号中的数据就是与该输入文件流相关联的文件名。所以整个语句的含义就是声明一个输入文件流对象 fin，用它来与当前文件夹下的文件 data.txt 相关联。

也可以使用 open 函数来关联输入文件，方法是：

```
ifstream  fin;
fin.open("data.txt");
```

在声明输入文件流并进行文件关联后,需要测试文件是否被正确打开。如果打开文件出错,则马上通知出错信息,同时进行相应的处理工作。如果在文件打开失败的情况下,仍然强行做数据输入操作,那么输入的全部是垃圾数据,会引发严重的程序错误甚至崩溃。

```
if( ! fin )
{
  ……        //打开文件失败的处理语句
}
```

提示　对于文件操作,一定要做打开成功与否的检查。如果没有打开成功就强行进行文件操作,后果是可想而知的,输入与输出的都是垃圾值。因此,这是非常重要的一个步骤,绝不是可有可无的。以后读者接触数据库编程,也会首先连接数据库,也要做相应的连接检查。

输入文件流类(ifstream)与数据文件正确关联并打开后,就可以利用输入运算符 >> 来进行数据读入了。

最后,在完成文件读入的全部使命后,应当关闭文件,释放资源,关闭文件的方法是:

```
fin.close();
```

关闭文件也是经常被忽略的。因为文件是一种系统资源,所以使用完毕要进行释放。这是良好的编程习惯。在这里我们强调"结对编程"的原则,在编写申请资源的代码时,马上对应的写上释放资源的代码,以免遗忘。

【例程 5-3】 读取初始化文件中矩形的大小并显示出来。

在文件 init.txt 中存有一个矩形的参数(x 坐标、y 坐标、宽、高),参数间以空格相隔,将其读入程序并显示。

```
# include <iostream>
# include <fstream>              //包含文件流头文件
using namespace std;

struct Box     //定义矩形框结构体
{
  int x;
  int y;
  int width;
  int height;
};

int main( void )
{
  Box  box;
  ifstream fin("init.txt");
  if (! fin)
  {
    cout << "文件打开失败!" << endl;
    return -1;
  }
  fin >> box.x >> box.y >> box.width >> box.height;

  cout << "x坐标:" << box.x << endl;
```

```
    cout << "y坐标:" << box.y << endl;
    cout << "宽:"    << box.width << endl;
    cout << "高:"    << box.height << endl;
    fin.close();        //关闭文件,释放资源
    return 0;
}
```

程序运行结果如图 5-16 所示。

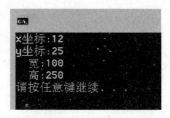

图 5-16　通过 ifstream 读入数据并显示

（3）将数据保存到文件中

要将函数处理后的数据保存到文件中,需要建立输出文件流,方法如下:

```
ofstream    fout("result.txt");
```

其中,ofstream 是数据类型,代表输出文件流;fout 是输出文件流变量名,也可以取其他名字;括号内是与之关联的输出文件名,数据就是要保存到这个文件当中。

也可以通过 open 函数来与输出文件相关联,方法如下:

```
ofstream    fout;
fout.open("result.txt")
```

同输入文件一样,对输出文件也要做打开成功与否检测,以保证保存数据之前文件已经成功打开,做好了迎接数据的准备,否则辛辛苦苦得到的数据就"付之东流"了。

```
if( ! fout )
{
    ……            //打开文件失败的处理语句
}
```

在正确打开文件以后,就可以进行写文件的操作了,用输出运算符 << 来完成写操作。

最后,完成了全部文件操作后,关闭文件,释放资源。

```
fout.close();
```

【例程 5-4】　将 5 个矩形框的数据写入文件 result.txt 中。

将程序中矩形的参数（x 坐标、y 坐标、宽、高）写入文件 result.txt 中保存,参数间以空格相隔,每写完一个矩形的数据就有一个换行,这样可以使文件看起来更加清爽。

```
# include <iostream>
# include <fstream>
using namespace std;

struct Box
{
    int x;
    int y;
    int width;
    int height;
```

```
};
int main( void )
{
  Box   box[5] =
  {
     {23, 45, 100, 150},
     {34, 90, 25,  25 },
     {60, 75, 120, 115},
     {10, 15, 40,  75},
     {50, 45, 70,  15}
  };
ofstream fout("result.txt");
if (! fout)
{
    cout << "文件打开失败!" << endl;
    return -1;
}
for ( int i = 0; i<5; i++ )
{
    fout << box[i].x << " " << box[i].y << " "
         << box[i].width << " " << box[i].height;
    fout << endl;
}
fout.close();
return 0;
```

运行程序,则在当前文件夹下,可以看到创建了一个 result.txt 文件。打开这个文件,可以看到程序中的数据已经成功写入到文件中了,如图 5-17 所示。

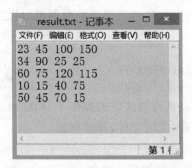

图 5-17　利用 ofstream 保存的数据

5.8　函数的"秒表"——计时

很多时候,估计程序运行所需要的时间是非常有用的。时间,是函数经常需要打交道的对象。通过程序计时,可以找到运行的瓶颈,也就是花费时间最多的地方,从而为进一步优化程序、加速系统运行打下基础。有些场合,需要直接与时间打交道,比如自动控制软件开发。

在 C++程序设计时,可以直接引用 CPU 的时钟,应用时需要包含头文件<ctime>。

CPU 时钟计数的专用数据类型是 clock_t,但 CPU 时钟的单位不是秒,因此需要除以每秒的时钟数才能得到以秒为单位的时间。

通过 clock 函数得到当前的绝对时钟计数。但通常我们对绝对时间没有太大兴趣,主要是想通过计算得到某一段程序运行的相对时间,所以做法就是在程序运行开头和结束时分别通过调用 clock 函数获取绝对时间,相减即得到相对花费的时间。

【例程 5 - 5】 计算某一段循环程序所花费的时间。

```cpp
# include <iostream>
# include <ctime>
using namespace std;

void Delay();     //测试函数,用来测试运行时间

int main( void )
{
  clock_t   startT, endT;
  double   duration;
  cout << "Start..." << endl;
  startT = clock();            //获取 CPU 绝对时钟数
  Delay();
  endT = clock();
  duration = double( endT - startT)/CLOCKS_PER_SEC;  //计算运行的时间,秒为单位
  cout << "程序运行所花费的时间是:" << duration << "秒" << endl;
  return 0;
}

void Delay()
{
  for ( int i = 0; i<100000000; i + + )
  {

  }
  return;
}
```

程序运行结果如 5 - 18 所示。

图 5 - 18 计算某段程序所花费的时间

5.9 高考专业报考专家系统中的推理功能构建

在"数据"一章中,我们说明了高考专业报考专家系统的知识表示,并通过数据结构建立了其规则库、事实库。

数据部分准备齐备了,下面的任务就是如何处理这些数据。

思考的方向自然就是需要添加什么功能的函数来实现整个专家系统。

首先要对专家系统运行时的流程进行一下简要的说明。

① 建立事实库。事实库包含了整个专家系统运行所涉及的事实、概念,是一个大池塘,首先

把这个大池塘先建立起来。

② 建立规则库。根据已知设定好的规则知识(见上一章),建立好规则库。规则库是进行专家判断的知识依据。在规则库的建立过程中,主要是为每一个规则建立好一个前提表。因为在规则匹配中,就用这个前提表来进行匹配。

③ 规则匹配。这是真正的"推理"过程,是专家系统的核心环节。其过程就是遍历整个规则库,针对每一条规则进行前提匹配,如果匹配成功,则给出相应的结论;如果匹配不成功,则给出"无法确定"的结论。在规则匹配的过程中,需要用户的参与。

④ 给出结论。根据上面规则匹配的结果,给出相应的结论。

整个系统的运行流程如图 5-19 所示。

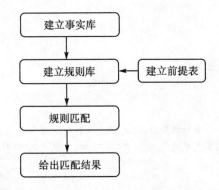

图 5-19　专家系统运行

通过思考,我们认为专家系统中应当具备如下功能。

① 建立事实库。

② 获取某个事实的标识号。

③ 获取某个事实的状态。

④ 设置某个事实的状态。

⑤ 获取某个事实的具体名称。

⑥ 建立规则库。

⑦ 建立每条规则的前提表。

⑧ 获取每条规则的名称。

⑨ 在事实库中进行匹配。

在上一章中,我们已经定义了规则、前提,事实的数据结构可以简略写为:

```
struct Rule
{…};
struct Precondition
{…};
struct Fact
{…};
```

针对上面所设计的功能,可以设计如下函数:

```
Fact * Create_Fact( );
int   Get_ID( Fact * fact );
int   GetStatus( Fact * fact );
void  SetStatus( Fact * fact);
```

```
void  SetActive( Fact * fact);
char * GetName( Fact * fact);
Rule * Create_Rule( );
PreconditionList * Create_Pre( Rule * rule);
char * GetName( Rule * rule );
int   Query( Rule * rule );
```

同时,我们需要一些全局变量,主要是代表事实库、规则库的全局变量。因为我们是通过链表将它们中的基本事实和规则串在一起而形成一个整体的,所以需要建立一个全局指针变量指向它们。

```
Fact * fact;  //代表事实库的全局变量
Rule * rule;  //代表规则库的全局变量
```

使用这些全局函数和全局变量相互配合可完成规则匹配——推理任务。

IT 小知识 ——C 语言发明人

遥想 2011 年的 10 月,有一个引无数人关注的事件,那就是万众景仰的绝世天才、创新与创意的代表——苹果公司的精神领袖史蒂夫·乔布斯(Steve Jobs)驾鹤西去。全世界无数果粉黯然神伤。乔布斯的离去是件大事,影响力远远超过了 IT 圈子。然而,同样在这个月(确切的时间是 2011 年 10 月 12 日),另一位功绩绝不比乔布斯小的大师,却悄悄地离去了。没有过多人知道他,但是计算机界的人却无一不伤怀不已。他就是 C 语言、UNIX 的发明人——丹尼斯·里奇(Dennis Ritchie)。

里奇毕业于哈佛大学。他在哈佛大学学习物理学和应用数学(可见这些基础专业对于计算机的重要性),但幸好里奇没有把有全部经历花费在稀奇古怪的数学上,否则可能就会使计算机的发展受到损失。1967 年他进入贝尔实验室,担任朗讯技术公司系统软件研究部门的领导人。1983 年他与肯·汤普逊一起获得了图灵奖。这个奖就是计算机界的诺贝尔奖,是至高的荣誉。C 语言对于现代计算机科技、产业起到了重要作用。UNIX 操作系统更是后世的根基。没有它,就没有 Linux,更不会有 Android 及 IOS 等。但里奇毕竟不是一个商人,而是一位学人,普通的人怎么会知道他? 当你玩 iPhone 上的游戏时,使用安卓上的软件时,你使用的软件很可能正是基于里奇的研究成果。

里奇是一位低调而谦虚的伟大学者、计算机天才。麻省理工大学计算机系马丁教授的评价最为中肯,他说:如果说乔布斯是可视化产品中的国王,那么里奇就是不可见王国中的君主。乔布斯的贡献在于,他如此了解用户的需求和渴求,以至于创造出了让当代人乐不思蜀的科技产品。然而,却是里奇先生为这些产品提供了最核心的部件,人们看不到这些部件,却每天都在使用着。这话确实发人深省,人活于世,真正的意义并不见得是要出大名、赚大钱,只要做自己喜欢的事情,同时能为他人带来幸福,这样的人生就是有意义的。从这点上说,里奇同乔布斯一样,都是干着自己真正热爱的事业,同时都对世界产生了实质的巨大影响。

最为经典的 C 语言著作《C 程序设计语言》(The C Programming Language)就是里奇编写的,每个学习编程的人都应该读一下,体验一下发明人讲 C 语言是什么感觉。

第 **6** 章

加工车间——类

C++语言之所以比 C 语言更"高级"一点,在于它提供了比函数更高一层的抽象机制——类。通过上一章的学习已经知道,函数作为程序的基本功能模块,实现的是对基本程序语句的封装,这种封装是最浅层的。对于一个大型程序而言,需要实现很多的功能,因此就需要设计实现大量的函数。比如著名的 Windows API(微软应用程序接口),为了给程序员提供调用 Windows 操作系统方面面服务的接口,它提供了上千个函数。如此巨大的函数量真是令人望而生畏。读者自己编写程序时,也会设计不少函数。同时函数之间往往需要很多全局数据进行通信。函数多了,数据多了,如何组织管理呢? 随着应用程序规模的不断增加,对于函数和相关数据的管理就成为了日益重要的问题,如图 6-1 所示。

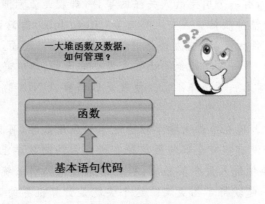

图 6-1 如何对函数进行有效管理是个难题

其实,在所设计的诸多函数中,彼此之间并不是完全没有关系。往往某几个函数之间存在着紧密的联系。

在本书设计的高考专业报考选择专家系统的函数中,可以看到主要函数都是围绕着"规则"操作、"事实库"操作这两个主题展开的。如果继续拓展程序,需要对规则库中的内容进行字符操作(规则库以字符形式表达),那么很自然,专家系统程序中就需要根据自身知识库的特点,设计很多对这些字符数据进行处理的函数,那么所设计的这些函数很显然存在一种亲密的关系,要比和其他函数(如实现绘图操作的函数)要"亲密"得多。

在这种函数及数据的"亲疏关系"的基础上,就可以对函数进行分门别类的归结、整合和抽象。C++中类的概念就是建立在这样的基础上的。

所以说,"类"就是"加工车间",它是相关度高的函数及数据的更紧密的结合与封装。

6.1 看待类的两大视角

(1) 自底向上

在构建复杂系统时,设计出的大量函数之间存在"亲疏关系",有些函数是围绕一个主题展开的,比如本书的专家系统中针对"规则"所展开设计的函数。为了让该系统的划分更加清晰,模块化更高,需要将这些具有紧密关系的函数分成不同的"类",同时要把与之紧密相关的全局数据一起"包"进来。这样得到的一个更高级的"封装单元"就是"类"(class),如图 6-2 所示。

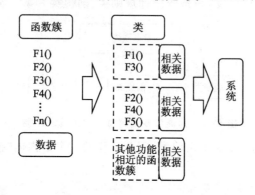

图 6-2　将功能相近的函数及数据集成为不同的"类"

(2)自顶向下

类是面向对象的核心概念。无论是在 C++中,还是在 Java、C♯等其他面向对象语言中,都是如此。若要认识类,首先要认识面向对象思想。

面向对象是一种对世界整体的认知方式:世界可以分解为事实;

事实由原子事实组成;一个原子事实是由多个对象组合而成;对象是简单的,形成了世界的基础。

简言之,在计算机领域中,面向对象的思想就是把整个系统看作由从属于不同类的对象的组成。每种类都具有其特有的属性和行为,是对一种事物的"抽象说明"。按照这种"抽象说明",可以生成"对象"。对象是具体的、看得见摸得着的。对象之间通过彼此通信、协作来构建整个系统。比如世界上有幼儿、小孩、成年人、老人,他们都属于"人"这一类别,具有"人"这一"抽象说明"所具有的属性和行为,但他们是具体的对象,具有具体的特征和行为。

按照这种思想,在设计系统的时候,首先要绞尽脑汁来思考的就是:如何将整个系统有效地划分为不同的类,而后如何通过这些的协作来完成系统需要做的任务,如图 6-3 所示。

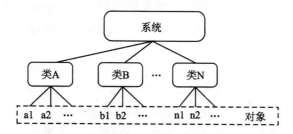

图 6-3　自顶向下的面向对象式设计系统

(3)高考专业报考专家系统的类设计

根据前面的函数设计,我们发现系统所涉及的函数主要是围绕"规则库""事实库""前提"这3 个主题展开的。原本我们只是把这三个主题设计为 struct 结构体类型,即:

```
struct Rule
{…};
struct Precondition
```

```
{…};
struct Fact
{…};
```

现在，我们从"类"的视角出发，为系统设计规则类、前提类和事实类 3 个类，如图 6-4 所示。

图 6-4　为高考专业报考专家系统设计类

在 C++中，利用关键字 class 来声明类，因此上面的 3 个结构体"摇身一变"就成了更具抽象性的"类"。

```
class Rule
{…};
class Precondition
{…};
class Fact
{…};
```

须要注意的是，在类声明的大括号的结尾处一定要有分号，这一点同 struct 结构体的声明是一样。这一点也是初学者经常犯的一个错误。

6.2　类的"装备库"——成员函数

6.2.1　访问权限

一个类内，分为"属性"和"行为"两部分。"属性"是类的数据成员，"行为"是类的成员函数。

无论是数据成员还是成员函数，都可以有 3 个不同的属性：public、protected、private。

C++提供这 3 个关键字用于表明数据和函数是可以公开访问的、访问受限的或是私用的。通过这种不同权限的设置，可以达到更好的信息隐藏的目的。public 是外界可以访问的数据；protected 是只有自己和子类可以访问的数据，而外界不可以访问；private 是只有自己可以访问的数据。

给出一个通俗的比喻：有一个贪官，对外宣称的财产是 public 的，因为外界都可以访问并获取这个数据；protected 是贪官自己和留给子女的"赃款"，只有自己和子女才知道；private 则完全是这个贪官自己的"小金库"，除了他自己，其余任何人包括子女都不知道。

访问权限的设置，体现出了类的"封装"特性，这是面向对象编程的一大特点与优势。

6.2.2　成员函数的声明与定义

尽管一个类既含有数据，也含有函数，但是其核心还是要放到"成员函数"上来。因为成员函数真正体现了"类的能力"。成员函数可以说是一个类的"装备库"，这个"装备库"的强大与否直接关系到这个类的能力。

类的成员函数与上一章提到的普通函数并没有本质上的区别。主要的区别在于：这些函数都是从属于一个特定类的，不能独立存在。在使用这些函数时，其前面一定要在函数名前加上类名作为限定。

　　通常将成员函数的声明放在类定义体内(一般是在.h 文件中),而其具体实现则放在类定义体外(在.cpp 文件中)。这样可以体现出"接口"与"实现"相分离的编程原则。

　　具体到本书的高考专业报考专家系统,我们将相关的函数集成到"规则类""前提类""事实类"中,于是可以得到如下的形式:

```cpp
class Fact                        //事实类
{
private:
  int   ID;
  char name[21];
  int   active;
  int   status;
public:
  Fact * next;
  Fact( );
  ~Fact();
  void SetActive( const int _active, const int _status);
  int GetActive() const;
  char * GetName()  const;
  int GetID()  const;
  int GetStatus()   const;
};


class PreconditionList            //前提类
{
private:
  int ID;
public:
  PreconditionList * next;
  PreconditionList();
  ~PreconditionList();
  int GetID()  const;
};


class Rule                        //规则类
{
private:
  int ID;
  char * name;
  PreconditionList * PreList;
  int   conclusionID;
public:
  Rule * next;
  Rule();
  ~Rule();
  int Query();
  char * GetName()  const;
};
```

　　可以看到,经过"类"的融合,关系紧密的函数和数据被集成在一起,从语义上更加紧密,更加贴近系统,显得更加模块化。从这一点看,"类"的引入比完全基于函数的系统具有更高的抽象性和封装性,可以从更贴近系统设计的角度来进行编程,因而体现出了更强的优势。正是基于此,现代软件工程青睐于面向对象的设计与开发。

但同时,从本书引出"类"的概念的过程来看,基于函数的系统功能设计仍然是最为基本的,面向对象只是在这个基础上的更高一层抽象。很多人将面向对象与面向过程(完全基于函数)的编程完全对立起来,认为前者比后者"高级",是完全错误的。相信读者通过这个例子,会更加清晰地认识和区分这两者的不同。

6.2.3　成员函数的使用方法

类是对象的"模子",可以创建无数个对象。任何一个对象都可以使用该类的成员函数。此对象与彼对象调用成员函数的结果是不同的,因为不同对象所蕴含的数据是不同的,所以虽然经过相同功能的函数处理,结果也可能是不同的。

调用成员函数一定要与某个对象捆绑在一起。调用的形式可以分为两种:

第一种:以点操作符"."调用。方法如下:

```
Rule  rule;          //声明一个规则类对象
rule.Query();        //调用 Rule 类的成员函数 Query()
```

第二种:通过对象指针调用,用到"—>"操作符。方法如下:

```
Rule * rule;         //声明一个规则类对象
rule = new Rule;     //生成一个对象,不可少
rule -> Query();     //调用 Rule 类的成员函数 Query()
```

第一种方式比较直观,在声明了一个对象后,系统会马上为其分配内存,接着就可以调用类的任意成员函数了。

第二种方式是相对间接的方式,先声明一个类指针,此时系统并不为其分配内存。而后在必要的时候,通过 new 运算符生成对象,此时才真正为该对象分配出一块内存。而后通过"—>"调用成员函数。

须要指出的是,第二种方式是更为常用的方式。在后面介绍"多态"的时候可以看到,面向对象中非常重要的"动态绑定"技术只有通过指针才能实现。

提示

① 基于对象指针的成员函数调用方式更加常用,因为这种方式与面向对象的动态特性紧密地联系在一起。面向对象技术的动态特性是其最为重要的一项组成部分。

② 其实还有一种调用类成员函数的方法,就是通过 this 指针。this 指针是指向一个对象自身的指针,是编译器自动、隐式生成的。通过 this 指针调用函数与直接用点运算符"."调用是等价的。

```
Rule  rule;            //声明一个规则类对象
rule.Query();          //调用 Rule 类的成员函数 Query()
this -> Query();       //与上面一句调用是等价的
```

6.2.4　常成员函数

在一个类中,常用的一些函数对类中的数据并不进行修改,而只进行读取操作。这种类型的函数常常声明时在其尾部加一个"const"修饰符,称为常成员函数。简言之:常成员函数就是不能对类内数据进行修改的函数。

常成员函数的引入,是提高软件质量的一项措施,主要是防止某些函数错误修改成员中的数

据,以减少产品的意外风险。

例如,在本书的专家系统中所设计的类里面,很多成员函数只负责读取信息,此时就应当将这些函数设计为常成员函数。

```
Fact
{
  ......
  int GetID()const;
  ......
}

Fact :: GetID() const
{
  return this -> ID;
}
```

提示

① const 一定要放在函数声明的最右侧。

② 常成员函数的声明与定义在形式上必须一致。也就是说,声明时加上 const 修饰的函数,在具体定义时也必须加上。

③ 在设计程序时,能加上 const 修饰的函数就尽量加上。这是一个良好的编程习惯。

6.2.5　静态成员函数

在 C++中,对一个类而言,有一个很特殊的成员——静态成员,包括静态成员变量和静态成员函数。静态成员是属于整个类的而不属于某个对象,它们是该类所有生成的具体对象所共享,是类范围内的全局变量和全局函数。

静态成员的声明要加上关键字 static。使用方法是:

<类名>::<静态成员名>

静态成员变量必须在类外进行初始化,而且必须加上数据类型标识。

静态成员函数属于整个类,该类的所有对象可以共享其静态成员函数。声明的时候前面加上 static。静态成员函数主要用来操作静态成员变量。

【例程 6-1】　通过静态成员获取生成的对象个数。

```
# include <iostream>
using namespace std;

class student
{
private:
  static int iCount;         //静态成员变量,所有对象共享
public:
  student() { iCount ++ ; }   //每生成一个对象,静态成员变量增1
  static int GetCount(){ return iCount; };   //返回当前对象个数
};

int student::iCount = 0;    //静态成员变量初始化,在类外进行

int main( void )
```

```
{
    student   s1;
    student   s2;
    student   s3;
    cout << "共生成" << student::GetCount() << "个学生\n";
    rcturn 0;
}
```

程序运行结果如图6-5所示。

图 6-5　通过静态成员获取生成对象个数

6.3　类的对象之"生与亡"——构造与析构函数

一个程序中,不同类的对象是相对复杂的实体,既包含数据也包含函数,因此不可能像普通的变量那样"来去自如"。正因为"拖家带口",所以一个对象的生灭涉及复杂的资源申请与释放。在这个过程中,类的构造函数与析构函数起核心作用。

6.3.1　构造函数的意义

在专家系统的函数设计中,首先要实现的就是规则库、事实库的创建过程。显示这种创建应该在程序运行的最开始。当被封装到类中时,这样的创建过程也就自然应该在类的对象生成的开始阶段。

其实,从更广义的角度出发,类在生成时,涉及资源的申请及初始化工作。资源的申请,是为其成员变量和函数索要内存;初始化则是将这些分配好的内存从垃圾值变为良好的可用状态。

向系统申请资源,通过 new 运算符;那么初始化呢?

C++中,申请资源和初始化合二为一了,也就是在申请资源的同时就调用了一个函数进行初始化。这个函数就是构造函数。从"构造函数"这个名字就可以看出,它是负责对象构造的函数,更具体一点说,就是负责对象构造时进行初始化的函数。

同理,析构函数就是当对象消亡时,负责清除资源的函数。

构造函数由于地位特殊,因此名字不能随便起,必须具有唯一性。C++中,构造函数和析构函数与类同名。析构函数的目的与构造函数相反,因此加上前缀"～"以示区别。

关于构造函数与析构函数,须要注意的有:

① 构造函数与析构函数都没有返回值类型,这与返回值类型为 void 的函数是不同的。

② 每个类只能有一个析构函数,但可以有多个构造函数。

③ 如果程序员不显示定义构造函数与析构函数,C++编译器会自动产生 4 个默认函数。

假设现在声明一个类 A:

```
class A
{
    ......
}
```

自动生成的 4 个函数是：

```
A();                        //默认构造函数
A( const A& );              //默认复制构造函数
A & operator = (const A& a);//默认赋值函数
~A();                       //默认析构函数
```

提示

① 不要在构造函数内做与初始化无关的事；也不要在析构函数中做与销毁对象、清理资源无关的事。

② 注重"结对编程"原理。在构造函数中写入申请资源代码时，应当马上在析构函数中编写相应的资源释放的代码，以免遗漏。

6.3.2 构造函数的重载

C++中可以为类定义多个构造函数，也就是重载构造函数，这样就可以用多种不同的方式来初始化对象。

构造函数分为以下 3 种类型：

（1）默认构造函数

默认构造函数可以分为两种情况：

第一种是无参数的构造函数，这也是编译器默认添加的函数。

第二种是所有参数都是默认值的构造函数。

须要注意的是：不能同时定义一个无参数的构造函数和一个参数全部是默认值的构造函数，否则会造成二义性。

（2）复制构造函数

复制构造函数是一种特殊的构造函数，从它的名字就可以知道，它是用于对象之间赋值时的一种构造函数。

对于普通的变量，相互赋值是很简单的。例如：

```
int  a = 100;
int  b = a;
```

但对于对象而言，由于内部的结构比较复杂，存在各种不同类型的成员变量，因此相互赋值时，被赋值的对象就需要调用复制构造函数来完成自身的初始化。

复制构造函数的参数必须是同类对象的常引用，例如对于一个类 A，它的复制构造函数的形式为：

```
A( const A& other )
{...}
```

一个复制构造函数的简单例子如下：

```
# include <iostream>
using namespace std;

class A
{
private:
```

```
    int num;
public:
  A( int n )
  {
    num = n;
  }
  A( const A& other )
  {
    num = other.num;
  }
  void Print()
  {
    cout << num << endl;
  }
};

int main( void )
{
  A a1(10);
  A a2 = a1;      //在这里 a2 的初始化要调用复制构造函数
  a2.Print();
  return 0;
}
```

在上面的程序中，当用对象 a1 来初始化对象 a2 时，就调用了 a2 的复制构造函数，将 a1 中的数据成员通过复制赋值给 a2 中对应的数据成员。

（3）重载构造函数

更为一般化的情况是，用户根据需要自定义不同参数的、重载的构造函数，以便于不同形式的对象初始化工作。

6.3.3　析构函数

析构函数与构造函数相对应，其作用就是做一些类消亡时的"善后"工作。最常见的就是动态内存的释放。忘记释放动态内存是 C++程序中常见的程序隐患，虽然对于一般的小程序可能看不出影响，但对于一些复杂的大型程序，则可能会造成宕机等严重后果。因此，析构函数中的处理是很重要的。

对于析构函数，有以下几个要点须要注意：

① 每一个类可以有多个构造函数，但只能有一个析构函数。析构函数没有返回值，也没有参数。

② 析构函数执行时，会严格按照与构造函数相反的顺序进行，该次序是唯一的。

③ 析构函数在稍大型的程序中，往往被设为虚函数，这样做的目的是能够充分释放资源。

6.4　类的"拼装"——组合

在现实中，类与类之间往往具有不同的关系。其中"整体-部分"就是类与类之间最重要的一种关系。比如，一台计算机是由 CPU、内存、显示器、鼠标等构成的，这里计算机是一个类，CPU、内存、显示器、鼠标都是类。可以说，计算机这个类是由 CPU 类、内存类、显示器类、鼠标类"拼装"而成的。这种关系反映在面向对象程序设计中,就是一种组合关系。

【例程 6-2】 计算机类与其成员类。

```
class CPU
{
  public:
    void Compute(void);
};
class Memory
{
  public:
    void Storage(void);
};
class Monitor
{
  public:
    void Print( void );
};
class Mouse
{
  public:
    void Click(void);
};
class Computer
{
  public:
    void  Compute(void) {  m_cpu.Computer;  }
    void  Storage(void) {  m_memory.Storage;  }
    void  Print(void){  m_monitor.Print();  }
    void  Click(void){ m_mouse.Click() ; }
  private:
    CPU  m_cpu;
    Memory m_memory;
    Monitor  m_monitor;
    Mouse m_mouse;
};
```

6.5 类的"遗传"——继承

在现实中,类与类之间与上一节提到的"整体-部分"相并列的另一种重要关系就是"一般与特殊"的关系。

在 C++中,"整体-部分"的体现是类的组合关系。如计算机是由 CPU、内存、显示器、鼠标组成的,这些部件都是计算机的组成部分,但其各自的本质属性与计算机并非同类。

倘使现有一个"超级计算机"类,那么它同"计算机"类是什么关系呢?显然"超级计算机"类是包含在"计算机"类中的。换句话说,是其一个子类。"超级计算机"类具有"计算机"类的所有性质,但也具有自身的独特之处。

"超级计算机"类与"计算机"类的这种关系,反映在 C++中,就是"继承"关系。

继承在语义上反映了一种层次式的种属关系,具体到 C++中,可以反映一种类与类之间的上下级关系。例如,对于"乐器"类,可以派生出"打击"类、"弹拨"类、"拉弦"类和"吹奏"类。"乐器"称为这些派生类的"父类"或"基类",这些派生出来的类称为"乐器"类的"子类"或"派生类"。子类继承了父类。同理,对于接下去细分的类层次关系中也是如此,如图6-6所示。

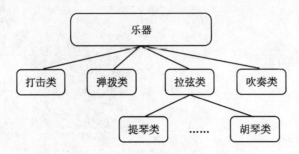

图6-6　基于继承的类层次关系

在C++中,继承让子类继承父类的属性和操作,子类"遗传"了父类。同时,子类可以声明新的属性和方法,还可以剔除那些不适合自身的父类操作。可见,继承是一种代码重用机制。在父类已经存在的基础上,子类可以直接重用父类的代码,并在此基础上添加新的属性和行为。

假定 A 为基类,B 是 A 的派生类,那么 B 将继承 A 的数据与函数。代码如下:

```cpp
#include <iostream>
using namespace std;

class A
{
public:
  A(){ cout << "A constructor" << endl; }
  ~A(){ cout << "A destructor" << endl; }
  void f1(void){ cout << "A : f1" << endl; }
  void f2(void){ cout << "A : f2" << endl; }
};
class B:public A
{
public:
  B(){ cout << "B constructor" << endl; }
  ~B(){ cout << "B destructor" << endl; }
  void f3(void){ cout << "B : f3" << endl; }
  void f4(void){ cout << "B : f4" << endl; }
};

int main( void )
{
  B b;
  b.f1();     //B类从A类继承了函数 f1
  b.f2();     //B类从A类继承了函数 f2
  b.f3();
  b.f4();
  return 0;
}
```

程序运行结果如图6-7所示。

从结果可以看出:

① 当定义派生类对象时,首先调用的是派生类的基类的构造函数,之后才是派生类的构造

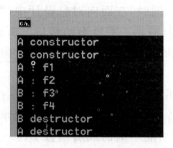

图 6-7　派生的函数继承

函数。在析构的时候,顺序是先析构派生类对象,最后是基类。

② 派生类 B 可以直接调用从基类 A 继承来的函数 f1 与 f2,通过这样的方式大大提高了程序的复用性。也就是说,如果两个类存在种属关系,那么通过继承,新派生的类可直接遗传基类的"基因",从而可以只专注于新的特性的发展。

6.6　类的"变异"——多态

故名思义,多态即指多种状态。这算是对多态最直白的解释了。具体一点,就是在一张"面目"下的多种状态。这里所谓的"面目"类似于接口。所以,如果更专业一点说,多态就是"一个接口,多个方法(函数)"。前面曾讲过的"函数重载",就是在一个函数名下的多种不同实现,这就算是一种多态。只不过,在 C++中,函数重载算是一种"静态多态",因为其功能在编译的时候就确定下来了。这里要隆重介绍的,是体现 C++中最重要的动态特性的"多态"。所谓动态,就是指程序的功能是在运行时刻才确定下来的,这是面向对象语言最强大的功能之一。

多态不仅属于 C++,Java、C♯也都离不开多态,只是不同面向对象语言所实现多态的方式不同。

6.6.1　多态的作用

(1) 向上转换数据类型

向上转换数据类型只发生在有继承关系的类之间,指的是:

① 将派生类对象的地址传给基类对象的指针。

② 将基类对象作为派生对象的引用。

之所以称为"向上"转换,主要是因为在类的继承关系图中,基类一般都是处于上部,派生类则在下部,所以将派生的相关值传给基类,形象上是一种"向上"的感觉。

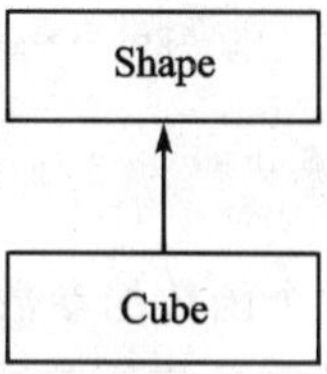

例如,有一个名为 Cube 的派生类,它继承自 Shape 基类,如图 6-8 所示。

假使现在定义了一个名为 C 的 Cube 类的对象:

```
Cube  C;
```

则名为 pS 的 Shape 类指针,名为 S 的引用可以分别与 C 的地址和 C 本身有如下赋值关系:

```
Shape * pS = &C;
Shape & S = C;
```

上面两个运算是典型的"向上转换数据类型"。这种转换是具有合理性。因为就现实而

图 6-8　Shape 与 Cube 之间的类继承关系

言,"一般"应该能够包容"特殊"。同时,在面向对象设计中,"继承"的目的之一就是能够代码重用,沿用一些既有的接口。所以,使用基类所定义的指针可以指向派生对象,基类所定义的对象可以接受派生对象。

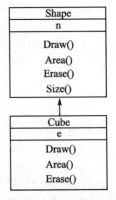

图 6-9   Shape 与 Cube
之间的函数继承关系

（2）用向上转换后的指针调用派生类内的同名成员函数

延续上面的例子,假设有 Shape 和 Cube 两个类,后者继承自前者。两者分别具有同名但具体功能不同的成员函数 Draw(),Area(),Erase()。此外,Shape 类还有一个被 Cube 类直接继承的成员函数 Size(),如图 6-9 所示。

由于可以进行向上转换数据类型,所以调用派生类 Cube 的成员函数时,不一定非用派生类的对象指针,也可以使用由基类的指针做统一的接口。也就是说,在定义了派生对象指针 C 和基类指针 pS 后:

```
Cube * C;
Shape * pS = C;
```

可以通过 pS 直接调用 C 的函数,即

```
pS-> Draw();   //调用 C∷Draw()
```

这就是多态存在的第一种价值,即允许基类与派生类共享指针。在一个统一的接口下,许多设计与处理就会变得非常清晰和简洁。

（3）使用引用调用同名的成员函数

在调用派生类的成员函数时,也可以使用基类的引用。例如,在定义了如下对象的引用 S 后:

```
Shape & S = C;
```

可以直接以下述方式调用到正确版本的 Draw()。

```
S.Draw();      //调用 C∷Draw()
```

在实际中,使用引用调用同名成员函数,主要是在函数参数上,让基类和派生类可以共享同样一个函数值,而不是针对各自类型分别定义一个函数。例如,定义一个 Update() 函数:

```
void Update( Shape & S)
{
  S.Draw();
}
```

这个函数的参数是一基类 S 的引用,可以由基类 S 和派生类 Cube 共享。也就是以一个派生类对象 C 作为参数时,希望直接调用 C 的函数 Draw(),而不是基类的函数。

```
Shape  S;
Cube C;
Update( S);    //调用 Shape∷Draw()
Update( C);    //调用 Cube∷Draw()
```

（4）间接调用同名的成员函数

除了上面以直接方式调用同名成员函数的方式,有时候也希望在间接调用的情况下也能够通过多态调用正确的函数版本。比如 Cube 类直接继承了基类 Shape 类的成员函数 Size() 而没有重写。如果基类的 Size() 函数又调用了 Area() 函数,那么在进行了向上转换数据类型后,希望基类指针指向派生类后,在函数 Size() 内部,仍能调用派生类的 Area(),而不是基类的

Area( )。

```
Cube * C;
Shape * pS = C;
pS-> Size();    //希望调用 Cube:.Area()
```

上面几种情况是多态的典型应用场景。但是编译器如何知道参与多态运算的函数呢？在
C++中的做法是：在基类的成员函数前加上关键字"virtual"，即告知编译器此函数参与多态运
算，需要在运行时动态调用。这个加上"virtual"关键字的函数称为"虚函数"。

下面通过一个例程将上面几种情况总结一下。

【例程 6 - 3】　多态的使用。

```cpp
# include <iostream>
using namespace std;

class Shape
{
private:
  int n;
public:
  Shape():n(5){}
  ~Shape(){}

  virtual void Draw(){ cout << "画一个图形" << endl; }
  virtual void Area(){ cout << "计算图形面积" << endl; }
  virtual void Erase(){ cout << "将图形清除" << endl; }

  void Size(){ Area();}
};

class Cube:public Shape
{
private:
  int e;
public:
  Cube():e(2){}
  ~Cube(){}
  virtual void Draw(){ cout << "画一个立方体" << endl; }
  virtual void Area() { cout << "计算立方体表面积" << endl;}
  virtual void Erase() { cout << "清除立方体" << endl; }
};

void Update( Shape & S )
{
  S.Draw();
}

int main( void )
{
  Shape * pS;
  Cube   C;
  pS = &C;
```

```
    cout << "执行 Update 函数后:";
    Update( C );        //引用方式调用
    cout << "执行 Size 函数后:";
    pS-> Size();         //间接调用
    cout << "执行 Erase 函数后:";
    pS-> Erase();        //指针调用
    return 0;
}
```

程序运行结果如图 6-10 所示。

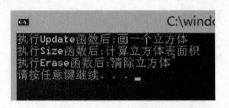

图 6-10　3 种调用方式下多态运行测试结果

　　如果在上面程序中,没有在需要多态的函数前加上关键字"virtual",即没有声明为虚函数,则上面程序的运行结果如图 6-11 所示。

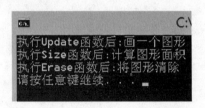

图 6-11　未声明为虚函数时无法实现多态

6.6.2　虚函数

　　(1)虚函数的基本概念

　　在类的继承体系中,只要基类的某个函数前标记上"virtual",那么这个函数就成为虚函数,它便具有了多态性。

　　一旦标记了基类的某个函数为虚函数,便有了一个连锁反应,后面继承它的子类中一切同名函数都变成了虚函数。此时子类的相应函数前可以省略"virtual",但是鉴于清晰性的考虑,都明确地加上"virtual"是良好的编程习惯。

　　(2)虚函数的实现机理

　　通过虚函数,可以实现程序的动态特性,即在进行向上转换数据类型后,可以统一利用基类的接口来调用子类的相应函数。那么,编译器是怎样实现这种动态识别的呢?

　　原来在 C++中,如果基类中声明有虚函数时,编译器会自动为每一个由该基类和其派生类所定义的对象前加一个称为 v-pointer 的指针和一张称为 v-table 的虚函数表。v-pointer 指向 v-table 开头。在这张虚函数表里,记录了包括该类及其基类的所有声明为 virtual 的函数的地址。如果在派生类中没有覆盖基类的成员函数,则在虚函数表里记录的是基类成员函数的地址;如果覆盖了基类成员函数,则虚函数表里记录的是派生类成员函数的地址。

　　仍以上一节的程序为例。

定义 Shape 类及其子类 Cube 类：

```
Shape S;
Cube C;
Shape * pS;
pS = S;
pS = C;
```

一开始，pS 指针指向 Shape 类的对象 S 的 v—pointer，而后通过赋值语句 pS ＝ C，pS 则指向了子类 C 的 v—pointer。从这里可以看到，虽然表面上都是一个基类对象类型的指针 pS，但其实经过向上转换数据类型后，编译器已经悄悄地在背后"认准"了子类，此时再做相应的函数调用，编译器很清楚该调用哪个函数。

以上就是虚函数"背后的故事"，如图 6-12 所示。

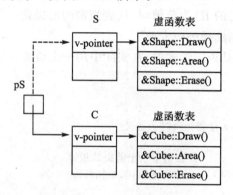

图 6-12　虚函数实现机理

6.6.3　纯虚函数与抽象基类

通常情况下，我们都会将类实例化为一个对象。但在很多情况下，定义不能实例化的类也是非常有用的。我们称不能实例化的类为抽象类。抽象类的唯一目的就是让派生类来继承并实现它的接口方法，因此抽象类也就被称为抽象基类。

例如在上一节所举的例子中，Shape 类从语义上来讲就不应该被实例化，因为一个抽象的"形状"概念被实例化为一个对象是没有实际意义的。我们要做的只是定义"形状"的一系列方法，而后通过子类继承并具体实现即可。

如何将一个类定义为抽象基类呢？

方法就是在类中声明有"纯虚函数"。纯虚函数的声明就是在普通虚函数后面加上"＝0"，例如：

```
class Shape
{
  public:
    virtual void Draw() = 0;
    virtual void Area() = 0;
    virtual void Erase() = 0;
};
```

上面的语句将 3 个函数声明为纯虚函数。这样，整个类 Shape 变成了抽象基类，从而不能被实例化。此时，如果声明一个实例对象，则会编译报错：

```
Shape S;   //错误,抽象基类不能实例化
```

6.7　高考专业报考专家系统中的面向对象实现

根据前面介绍的内容,我们将高考专业报考专家系统分为了三个主要的类:前提类、规则类和事实类。其中,前提类是作为规则类的数据成员,作用是操作每条规则中的前提。只有前提匹配才能得到推论,因此将前提作为一个单独类。

1. 前提类

前提类就是一个链表类,因为每个规则的前提有多个,所以通过链表的方式连接在一起。在进行前提匹配的时候,就进行链表的遍历,如果在遍历的过程中任何一个节点(前提)中显示与事实不符,则此条规则的结论部分就无法成立,遍历结束。

需要特别提醒的是:前提的 ID 为负值时,代表当前的前提是否定形式的判定句。比如:

"如果不擅长交流……则选择……专业"。

这一规则的第一个前提是否定形式的,在实际中用一个负整数来表示。

```cpp
class PreconditionList
{
private:
    int ID;          //前提的 ID,注意为负时的意义
public:
    PreconditionList * next;       //指向下一个前提的指针
    PreconditionList( int _ID )    //构造函数,初始化前提
    {
        ID = _ID;
        next = NULL;
    }
    int GetID(){ return ID; }      //返回某个前提的 ID 号
};
```

2. 规则类

高考专业报考专家系统中,知识是以规则形式存储的,因此规则就代表专家系统中的知识。规则的表示与操作是专家系统的核心。规则类就是对规则的相关表示参数和操作的封装。

(1) 规则类的属性

在本书的设计中,规则类的主要属性是:

① ID 号。唯一标识某个规则,因为规则是要有编号的、有顺序的。一团乱麻就不是知识了。

② 规则名。规则以自然语言为表述方式。比如,"如果红灯亮,那么停车"就是一个规则的名称。显示应该用字符串来表示规则名。

③ 前提成员。代表一条规则的所有前提,是以链表的数据结构来表示的。比如,"如果前方有障碍,两边无障碍,机器人行进系统自检正常,那么机器人从左边或右边随机选择一个绕过前方障碍。"这个规则中就有 3 个前提。有些规则可能会有更多前提,我们把这些前提串在一起形成一个链表。

④ 结论的 ID 号。结论是一个事实,一般都与事实库中的事实相对应。事实库中的每个事实也都有 ID 号。

⑤ 规则指针。整个专家系统的规则,我们也做成一个链表,形成一个规则链表,统一表示知识。在进行推理的时候,就通过遍历规则链表的形式来完成。在整个系统中,知识库就是通过规

则链表来完成的。这并不一定是最好的方式,但作为一个小型演示系统的设计是可行的。

```
class Rule
{
private:
  int   ID;     //规则 ID 号
  char * name;    //规则名称
  PreconditionList * PreList;  //规则的前提链表
  int   conclusionID;    //规则中结论的 ID 号
public:
  Rule * next;       //指向下一条规则
  Rule( char * _name, int _pre[], int _conclusionID); //构造函数
  ~Rule();
  int Query();   //查询规则
  char  GetName() { cout << name ; }  //获取规则名称
};
```

（2）规则类的方法设计

规则类的方法是核心。可设计规则类的方法非常多,但是必不可少的方法有两个:

① 构建并初始化规则对象。在上面的函数设计中,我们曾经设计函数 Create_Rule()来完成这样的任务。显然,在面向对象设计中,我们改为使用类的构造函数来完成。

② 规则的匹配查询。这是整个系统最核心的部分,它就是完成匹配、推理的核心所在。我们设计函数 Query()来完成这一艰巨任务。

（3）规则类的实现原理及代码

下面具体介绍实现的原理及代码。

① 规则类对象的构建与初始化——构造函数。通过重载构造函数来完成。主要完成的功能有:设置规则名,生成前提链表,设置结论的 ID 号。

```
Rule::Rule( char * _name, int _pre[], int _conclusionID )
{
  PreList = NULL;
  next = NULL;
  name = new char[strlen(_name) +1 ];
  strcpy( name, _name );

  int i = 0; PreconditionList * L = NULL;
  while( _pre[i] ! = 0)  //link all the evidences for a rule
  {
    L = new PreconditionList( _pre[i]);  //pre[i]存储前提 ID 号
    L -> next = PreList;
    PreList = L;
    i++;
  }
  conclusionID = _conclusionID;
}
```

② 规则的匹配查询函数。由于所谓的匹配,就是规则前提与事实库中事实的匹配,所以首先需要一个代表事实库的全局指针变量,用它来指向全局的事实链表。

匹配查询的整个过程就是某一个规则前提链表的遍历过程,用代码表示就是:

```
while( L! = NULL)
{
  ......
  L - next;
}
```

在匹配查询的代码部分,分为如下几个步骤:

第一步:在事实库中找到该前提所代表的事实。

```
while(1)
{
if ( abs(L-> GetID()) == F-> GetID())  break;
F = F-> next;
}
```

第二步:查询前提所代表的事实的真假状态。

如果为真,说明匹配成功,直接进行下一个前提的判断。

如果为假,则函数直接返回,此规则无法满足,无法推出结论,我们用返回 0 表示无法找到匹配。

如果当前前提为不确定状态,则通过用户界面向用户发起询问来确定最终的状态,同时修改事实库中该事实的状态,以便其他规则再次利用到此事实状态时能给出明确结果。

第三步:如果前提得到匹配,则得到规则中相应的结论。

```
while(1)
{
  if( conclusionID == F-> GetID()) break;
  F = F-> next;
}
```

下面是一个完整函数的代码:

```
Fact * fact;      //一个指向事实库的全局指针变量

int Rule:.Query()    //返回值为0代表匹配失败,1代表成功
{
  Fact * F;  F = fact;
  PreconditionList *L;  L = PreList;
  if( L == NULL)
    cout << "\n 前提为空,出错了";

while( L! = NULL )   //遍历规则的所有前提
{
   while(1)      //在事实库中找到当前这个前提
   {
    if ( abs(L-> GetID()) == F-> GetID()) break;
      F = F-> next;
   }
   if (L-> GetID()>0)
   {
      if(F-> GetStatus()==1){ L = L-> next; continue;}
      if(F-> GetStatus()==0){ return 0 ;}
   }
   else
```

```
    {
    if(F-> GetStatus() == 1){ return 0 ;}
    if(F-> GetStatus() == 0){ L = L-> next; continue; }
    }

    //不确定状态,需要向用户查询
    cout << endl << F-> GetName() << "(Y/N)";
    char c = getchar();
    flushall();
    if( c == 'Y' || c == 'y')
    {
        if( L-> GetID()>0)
        {
        F-> SetActive(1,1);
        }
        else
        {
          F-> SetActive(0,0);
          return 0;
        }
    }
    else
    {
        if(L-> GetID()>0)
        {
                F-> SetActive(0,0);
            return 0;
        }
        else
        {
            F-> SetActive(1,1);
        }
    }
    L = L-> next;
}

F = fact;
while(1)
{
    if( conclusionID == F-> GetID()) break;
    F = F-> next;
}
if(F)
{
    cout << "推荐的专业是:" << F-> GetName();
    return 1;
}
return 0;
}
```

3. 事实类

高考专业报考专家系统中,事实库用来存储系统中所有出现的概念、事实。推理过程就是将规则中的前提与事实库中的事实进行匹配,如果某条规则的前提与事实相符,则可以推出相应结论,如果不相符,则无法推出。

(1) 事实类的属性

事实类代表对事实的属性和操作的封装。其中事实的属性有:

① ID号。用以唯一标识事实库中的某个事实。

② 事实名。用自然语言形式表示的某个事实。比如,"喜欢数字"就代表一个事实。显然,事实名用字符串来表示。

③ 激活状态。表征这条事实目前是否正在被推理器所访问。

④ 真假状态。表征这条事实是成立、不成立或不确定。

⑤ 事实类指针。我们有过一个大链表来作为整个事实库的数据结构。因此需要一个事实类指针指向下一条事实。

```cpp
class Fact
{
private:
  int  ID;    //事实 ID
  char name[21];  //事实名
  int  active;    //激活状态
  int  status;    //真假状态
public:
  Fact * next;    //指向下一条事实,形成事实链表
  Fact( int _ID, char * _name );
  void SetActive( const int _active, const int _status);
  char * GetName();
  int GetID(){ return ID ;}
  int GetActive(){ return active; }
  int GetStatus(){ return status; }
};
```

(2) 事实类的方法设计

事实类最重要的方法有两个:

① 构建并初始化事实对象。在上一章的函数设计中,曾经设计函数 Create_Fact() 来完成这样的任务。现在我们用构造函数来完成。在构造函数中完成对每个事实ID号和名称的设定。

② 设置事实的状态。主要用来在推理器事实查询、规则匹配过程中动态改变事实的状态。

两个函数的实现代码如下:

```cpp
Fact( int _ID, char * _name )
{
  ID = _ID;
  strcpy( name, _name );
  active = 0;
  status = unknown;  //默认条件下事实处于未知状态
  next = NULL;
}

void SetActive( const int _active, const int _status)
{
  active = _active;
  status = _status;
}
```

IT 小知识 ——C++语言的发明人

Bjarne Stroustrup,这个名字很长,还有点拗口,翻译为中文可写作本贾尼·斯特劳斯特卢普,不过还不如直接读英文名字来得顺畅。他和 C 语言发明人里奇是同事,都来自贝尔实验室(可见牛人之多)。

1982 年,工作在 AT&T 公司贝尔实验室的 Bjarne Stroustrup 在 C 语言的基础上引入并扩充了面向对象的概念,发明了一种新的程序语言。为了表达该语言与 C 语言的渊源关系,他将新语言命名为 C++。而 Bjarne Stroustrup 被尊称为 C++语言之父。

Bjarne Stroustrup 博士 1950 年出生于丹麦,先后毕业于丹麦阿鲁斯大学和英国剑桥大学,是 AT&T 大规模程序设计研究部门负责人,AT&T、贝尔实验室和 ACM 成员,现任德州农工大学计算机系首席教授。

Bjarne Stroustrup 于 2002 年首次访问中国,引起 IT 圈的轰动,自然也受到了中国计算机技术人员的热烈欢迎。

作为 C++的发明人他的经典著作《C++程序设计语言》(The C++ Programming Language),具有无可争辩的权威性。当然,其难度也不是一般入门学习者可以驾驭的,需要具备一定的 C++基础后再仔细研讨收获会更大。

第 7 章

标准化加工厂——库

7.1 C++库的三大来源

以上 3 章(第 4～6 章)中,我们从程序处理的对象——数据,基层加工单元——函数以及高一级加工单元——类这三个方面论述了 C++语言。从语言学习的角度,这三个方面已经完备。但是计算机科技发展至今,对于编程语言的要求除了语法本身,还有非常重要的一个组成部分——标准库。现今,如果要衡量一种编程语言强大不强大、有没有前途,那就看它的库丰富不丰富。

所谓库,就是利用编程语言已经编写好的现成的函数和类。由于库,尤其是标准库都是经过优化、测试,并经过大量实践检验的,性能都十分稳定,因此在设计程序时,应当首先看看是否已经有现成的函数或类。

C++是老资格的王牌语言,它的库自然是非常丰富的。按照地位、来源等的不同,基本上可以分为 3 类。

(1) C++标准库

C++最重要的库已经纳入 C++标准,是最具权威性的库。在开发程序时,首选 C++标准库进行开发。

(2) C++准标准库

C++准标准库指的是 Boost 库。这个库作为 C++标准库的后备库,由 C++标准委员会库工作组成员发起,很多内容都可算是 C++标准库的后备。由于在 C++社区影响巨大,Boost 库也被称为"准标准库"。

(3) 第三方 C++库

由第三方的企业和个人开发的 C++类库,如 Visual C++学习者最为熟悉的 MFC 类库就是微软公司开发的一个 C++类库。

C++库的分类如图 7-1 所示。

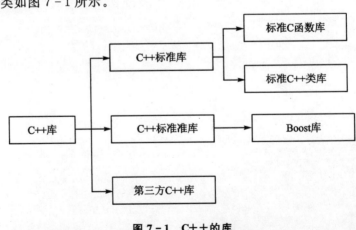

图 7-1　C++的库

下面主要介绍最成熟、稳定的 C++标准库。

C++的标准库分为两部分：

① 函数库：继承自标准 C 函数库，包括 I/O 函数、字符与字符串函数、数学函数等。

② 类库：也称标准模板库（Standard Template Library，STL）。STL 算是 C++标准库中最主要也最重要的组成部分。由于采用了抽象的泛型编程的理念和技术，使得 C++显得特别"高大上"。STL 中主要包含 I/O 类、字符类、容器类、异常类等。

7.2 C++标准库函数

标准 C 语言已经具备丰富的标准库函数，作为 C 的进一步延伸，C++语言自然继承了 C 的这些标准库函数。但须要注意的是，C 语言最新的标准是 C99。C99 标准给原函数库添加了一些新元素，这些新增的元素与 C++是不兼容的。C++中的标准库函数基本是 C89 标准中的函数。

这些库函数总体可以分为：

① I/O 函数，负责数据的读取与写入。

② 字符处理函数。

③ 数学函数为常用数学函数。

④ 时间与日期函数，用于获取系统时间、计时等。

⑤ 内存分配函数，负责动态内存分配与释放等。

⑥ 工具函数，一些辅助性功能，如随机数生成、数字字符转换等。

C++库函数的组成与分类如图 7-2 所示。

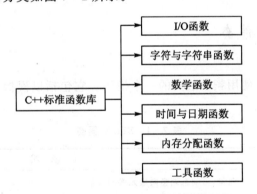

图 7-2 C++的标准函数库

7.3 C++标准库之 STL

7.3.1 STL 概述

标准模板库（Standard Template Library，STL）是 C++标准库中最重要的组成部分。在 C++的所有库当中，STL 最具权威性，因为它是"官方库"。任意一款好的 C++编译器都必须无条件支持 STL。由于厂商的不同，使得 STL 具有不同的版本，但差别微小可以忽略。STL 基于模板技术，旨在实现泛型化编程，"思想境界"非常高，一直是其他语言所仰望的。

7.3.2　STL 的组成

STL 中的类大体可以分为标准 I/O 类、STL 容器类、STL 算法、迭代器、函数对象、存储分配器、字符串类、数字类、异常处理类、国际与本地化及其他类。

STL 的组成如图 7-3 所示。

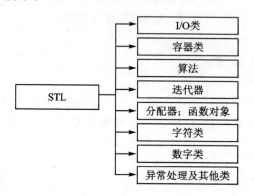

图 7-3　STL 的组成

7.4　STL 常用三件套

尽管 STL 组成内容非常庞杂，但最核心、最常用的是它的"三件套"，也就是容器、算法、迭代器 3 个部分。这 3 个部分关系密切，一般都是相互配合在一起使用以完成相对复杂的任务，所以是名副其实的"三件套"。

7.4.1　STL 常用三件套

1. 容　器

容器类可以说是 STL 使用频率最高的一个模块。它包括以模板形式实现的 7 种通用的数据结构类，如表 7-1 所示。

表 7-1　STL 容器类

容器类（数据结构名）	说　明
vector	向量，可动态调整向量元素的数量 需要头文件 #include<vector>
list	双向链表，可使用指针向前向后搜索 需要头文件 #include<list>
stack	堆栈，具有后进先出的特性，只能对栈顶元素操作 需要头文件 #include<stack>
queue	普通队列，具有先进先出的特性 需要头文件 #include<queue>
dequeue	双端队列，可在任意一端进行入队出队操作 需要头文件 #include<deque>

续表 7 - 1

容器类（数据结构名）	说　明
set	集合，由键值（key）构成且经过排序 需要头文件 #include\<set\>
map	集合，由成对的键值（key）和某种数据构成 需要头文件 #include\<map\>

2. 算　法

以模板函数的形式包装起来的各种算法，也常称为"泛型算法"，可以配合各种容器使用。使用泛型算法前需要加上头文件：

```
#include<algorithm>
```

按照功能的不同，泛型算法大体可以分为两类：

（1）只读不写的算法

如 find()、search()、count()、max()、min()等，它们分别进行查找、搜索、计数、找最大值、找最小值，这些操作并不改动相关数据。

（2）改动容器数据的算法

如 copy()、swap()、fill()、remove()、reverse()、random_shuffle()、sort()等，它们分别进行复制、交换、加入、移除、颠倒顺序、随机重排、排序等操作，这些操作会改动原容器中的数据。

3. 迭代器

迭代器是用来遍历容器内元素的"通用指针"，可以把它理解为面向对象的指针。在 STL 中，迭代器担任"容器"与"算法"之间信号传递的工作。注意并不是所有的算法和容器都可以自由配对，迭代器也可以起到限制容器上的算法操作的作用。

7.4.2　STL 的基本使用

STL 是比较复杂的，涉及许多的概念。如果进行全方位深入学习，需要花费很大力气，而且在实践中自如应用就更难了。但语言终究是拿来用的，而不是拿来研究的。因此，没有必要像搞科研一样去研究 STL。在实际应用中，它的许多特性也很少用到，因此掌握最常用的使用，就是最稳妥、最高效的学习方法。下面通过一个简单的例子来说明 STL 中容器、算法、迭代器的基本使用。

【例程 7 - 1】　对随机生成的向量各元素进行排序，并输出排序前后对比。

```
#include <iostream>
#include <cstdlib>
#include <ctime>
#include <vector>
#include <algorithm>

using namespace std;

void Display( vector<int>& V );

int main( void )
```

```
{
    srand( time(NULL) );
    vector<int> V(10);
    for ( int i = 0; i<10; i++ )
    {
        V[i] = rand()% 100;    //随机生成向量的每个分量
    }
    cout << "排序前:" << endl;
    Display( V );

    sort( V.begin(),V.end() );   //调用 sort 算法进行排序

    cout << "排序后:" << endl;
    Display( V );

    return 0;
}

void Display( vector<int>& V )
{
    vector<int>::const_iterator iter;
    for( iter = V.begin(); iter! = V.end(); iter++ )
    {
cout <<  * iter << " ";
    }
    cout << endl;
}
```

程序运行结果如图 7-4 所示。由于是随机产生的数,所以每次产生的结果都是不同的。

图 7-4　随机产生数字,而后排序

第 **8** 章

高级专题与笔试面试锦囊

8.1 C++内存布局

一个 C/C++程序经过编译后，其使用的内存可以划分为如下几部分：

（1）代码区

代码区用于存放函数体的二进制代码。

可执行文件加载后，函数体的二进制代码就存放到该进程的代码区中。该区域是只读的。须要说明的是，一般来说，程序的代码区存放的是程序的可执行代码，但在某些特殊的情况下，一些重要的数据也可以放入代码区，典型的如程序中的文字常量，经过编译后就直接写入了代码区。

（2）全局、静态数据区

全局、静态数据区用于存放全局变量和静态变量的内存区。程序在创建这块区域时会自动将变量清零。所以，如果程序没有显式地为这些变量赋初始值，则它的初始值就是 0。

全局、静态数据区变量的生存期与整个程序的运行期是相同的。因此，从某种意义上讲，全局、静态变量是非常方便访问的变量，时常作为函数通信的工具等起到重要作用。但同时，由于全局变量会降低模块的独立性，增加程序出错的概率，所以在使用时也要十分谨慎，注意不要使用过多的全局变量。

（3）常量区

用来存放字符串常量的内存区。程序运行结束后由系统释放。

常量区既不存放文字常量（文字常量放在代码区），也不存放常变量（即 const 变量，存放在栈区或堆区）。常量区存放的是字符串常量，以及一些在程序运行中不能修改的重要数据（如类的虚函数表）。常量区的性质与全局、静态数据区很接近，区别在于常量区存放的数据是只读的，不能被修改。

（4）栈　区

栈区用于存放函数的参数值、局部变量、临时变量的值。由编译器生成的代码自动完成内存的分配与释放，不用程序员操心其空间的申请与释放，因此效率与安全性较高。

栈区也有一定缺点，那就是除非特别指定，C++程序在运行时栈的最大容量是有限的，系统已经预先规定好的。正因为如此，在进行算法设计，尤其是递归的时候，要仔细分析程序的运行过程，防止调用层次过多造成栈溢出的情况。

（5）堆　区

堆区用于程序员动态申请和释放的内存区，也称为动态数据区。这是给予程序员较大自由的数据区域，因此容易出错，造成内存泄漏。

虽然相比栈而言，堆的效率不高，但是其优点也很明显，那就是获得的方式比较灵活，同时获得的空间大小也比较大。就程序设计层面而言，利用堆可以方便地构造复杂的数据结构。

程序的内存布局如图 8-1 所示。

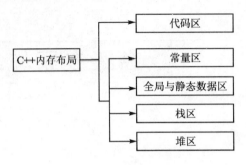

图 8-1　C++内存布局

```
# include<iostream>
using namespace std;

int  g_a = 0;              //全局变量,在全局/静态数据区
static  int  g_b;          //全局静态变量,在全局/静态数据区,并自动初始为 0

int main( void )
{
  int b;                   //局部变量,分配在栈区
  static int c = 0;        //局部静态变量,分配在全局/静态数据区
  char s1[] = "hello";     //局部字符数组,分配在栈区
  char * s2;               //局部指针变量,分配在栈区
  s2 = "world";            //"world"为字符串常量,分配在常量区
  char * p;                //局部指针变量,分配在栈区
  p = new char[20];        //动态申请 20 字节,分配在堆区
  strcpy( p, "C++");       //字符串常量"C++"在常量区

  return 0;
}
```

8.2　C++对象模型

　　如果仅进行 C 风格或者说过程式 C++编程模式(不涉及类的编写),上一节的内容已经足够。了解一般程序的内存布局对于深刻把握程序的脉搏有着重要意义。但是学习 C++的目的,主要还是进行面向对象编程,也就是必须要涉及类的操作。类是很复杂的,既包含数据,也包含函数,构造、析构、虚函数等机制都比较复杂。因此,有必要对于 C++的对象模型有一定了解,以更好地把握 C++。

　　对于 C++中的某个类而言,上一节的不同存储区都是一样的,只不过针对某个类,由于数据和函数局限在类内范围,因此有一些特别的规定:

　　① 静态数据成员被提取出来放在程序的静态数据区。静态数据为该类所有对象共享,因此仅存在一份。由此可以看出,类的静态数据算是该类范围内的一个全局变量。

　　② 非静态数据成员被放在每个对象体内作为对象专有的数据成员。

　　③ 类的成员函数,无论是静态还是非静态,都被提取出来放到程序的代码区中,为所有的对象所共享。因此,一个类的某个函数也只有一份代码实体。

从上面几条规则可以看出 C++ 对象模型的一个重要内容：

构成对象本身的只有数据，任何一个成员函数都不隶属于任何一个对象，而是为该类所有对象所共享。非静态成员函数与对象的关系就是绑定，绑定的中介是 this 指针。

下面通过例程进行说明。定义了一个 Rect2D 类，其中含有 3 个数据成员（两个普通成员变量和一个静态成员变量）以及成员函数若干。在主程序中声明了该类的一个对象，而后通过 sizeof 运算符，可得其大小为 8 字节（32 位系统上，float 占 4 字节）。说明对于一个对象而言，它的真正成员就是其非静态成员数据。

【例程 8-1】　测试类的内存占用。

```cpp
#include <iostream>
using namespace std;

class Rect2D
{
private:
    float width;
    float height;
    static unsigned int count;
public:
    Rect2D():width(1),height(1){};
    ~Rect2D(){};
    float GetWidth() const { return width; }
    float GetHeight() const { return height; }
    void  Draw();
    static unsigned int GetCount(){ return count; }
};

unsigned int Rect2D::count = 0;

int main( void )
{
    Rect2D  rect;
    cout << "对象所占内存的大小是:"sizeof(rect) << endl;
    return 0;
}
```

程序运行结果如图 8-2 所示。

图 8-2　普通对象所占内存为其非静态成员变量大小

对于增加了继承关系和虚函数的类，其对象模型变得更加复杂，相关规则有：

① 派生类继承基类的非静态数据成员，作为自己对象专有的数据成员。

② 派生类继承基类的非静态成员函数，并可以像自己的成员函数一样访问（当然是在权限允许的情况下）。

③ 为每一个含有虚函数的类创建一个虚函数表，该表实质上是一个虚函数指针数组。该类

的所有虚函数的地址都保存在这张表里。

④ 含虚函数的每一个对象中生成一个指针(v-pointer,vptr),用来指向虚函数表。这个指针是C++中隐含的数据成员。

⑤ vptr在派生类对象中的相对位置不会随着继承层次的逐渐加深而改变,并且一般 vptr 放在所有数据成员的前面。

如果将上面例程中的函数 Draw()改为虚函数,而其他不变,即:

```
virtual void  Draw();
```

则运行程序输出的结果为12,如图8-3所示。这就是因为编译器在背后悄悄地放入了一个虚函数表指针的缘故。

图 8-3　多态类中悄悄加入虚函数表指针

8.3　笔试面试锦囊

8.3.1　const 与 #define 专题

① 请说出 const 的两种基本用法。

答:可以定义 const 常量。

定义 const 函数,同时也可以用 const 修饰函数的参数与返回值。变量加上 const 修饰后,可以预防意外被修改;函数加上 const 修饰后,不能对数据进行写操作,从而保护数据。

② 请说出 const 与宏(#define)相比,有何优点。

答:const 常量有数据类型,而宏常量没有数据类型。编译器可以对前者进行类型安全检查。而对后者只进行字符替换,没有类型安全检查,并且在字符替换可能会产生意料不到的错误。

有些集成化的调试工具可以对 const 常量进行调试,但是不能对宏常量进行调试。

③ 宏(#define)有哪些优点?

答:用宏定义变量时,方便修改。可以只修改宏,就可达到修改多处的目的,非常方便。而且宏名一般都用有直观意义的大写字母,可以使程序清晰。

用宏定义函数时,在某些情况下,比函数更加高效。因为宏只占编译时间,函数调用则还有运行时间,涉及堆栈的操作(分配单元、保存现场、值传递、返回),每次执行都要载入,所以执行相对宏会较慢。在某些考虑效率的场合,可以考虑用宏。

8.3.2　static 专题

① 请说出 static 关键字的作用。

答:在非面向对象编程中,static 关键字有声明生存期和声明作用域两个作用。

声明生存期:如果一个变量前面冠以 static 关键字,那么无论是在函数内部,还是外部,它的生存期都是整个程序运行期。这些变量称之为静态变量,存储在内存的静态存储区。

　　声明作用域:如果一个函数外边的变量(全局变量)前冠以 static 关键字,那么这个变量的作用范围只限于它所在的文件,而其他文件无法访问它。函数内部的变量冠以 static,则它的作用范围只限于该函数;如果一个函数前加上 static 关键字,则该函数的作用范围只限于其所在文件范围,而在其他文件中无法使用该函数。如果不加 static,则其他文件是可以访问到该函数的。

　　② 类中的 static 成员变量如何初始化?

　　答:请见 6.2 节相关内容。

　　③ 类中的 static 成员函数的作用是什么?

　　答:请见 6.2 节相关内容。

8.3.3　指针与引用专题

　　① 常量指针与指针常量的区别是什么?

　　答:C/C++中常把指针和常量混合起来使用,其最大的用途就是作为函数的形式参数,保证实参在被调函数中的不可改变的特性,那到底常量指针和指针常量有什么区别呢?

　　首先一定要明白哪种定义方式是常量指针,哪种是指针常量,这里可以利用三句话来加深记忆:

　　＊(指针)和 const(常量)谁在前先读谁 ;＊象征着地址,const 象征着内容;谁在前面谁就不允许改变(const 在前,内容不能改,＊在前,地址不能改)。

　　请看下面的例子。

```
int a = 2;
int b = 4;
int c = 6;
int const * p1 = &b;    //const 在前,定义为常量指针
int * const p2 = &c;    //＊在前,定义为指针常量
```

　　常量指针 p1:指向的地址可以变,但内容不可以重新赋值,内容的改变只能通过修改地址指向后变换。

　　p1 = &a 是正确的,但 ＊p1 = a 是错误的。

　　指针常量 p2:指向的地址不可以重新赋值,但内容可以改变,必须初始化,地址跟随一生。p2= &a 是错误的,而 ＊p2 = a 是正确的。

　　② 请说出指针与引用的区别。

　　答:① 引用必须在创建的同时被初始化,指针则可以在任何时候被初始化。

　　② 不能有 NULL 引用,引用必须与合法的存储单元关联,指针则可以是 NULL。

　　③ 一旦引用被初始化,就不能改变引用的关系,指针则可以随时改变所指的对象。

　　④ 引用在底层实现时,就是用指针实现的,所以两者在本质上是一致的。

　　⑤ 引用比指针使用起来更加安全。

8.3.4　安全专题

　　C++是不是类型安全的? 为什么?

　　答案:不是。两个不同类型的指针之间可以用 reinterpret cast 强制转换。

　　指针的存在、强制转换的存在是一把双刃剑,它既使得 C++具有无比的灵活性,可以操控底层;但同时,也为程序安全带来隐患。因此在使用时需要谨慎,进行仔细而严密的测试。

8.3.5　强制类型转换专题

请说出 C++的强制类型转换方法？

答：转换的含义是通过将一个变量的类型转变为别的类型，从而改变该变量的表示方式。

对于简单数据类型转换，比较容易，这也是传统的 C 风格的类型转换。例如，将一个 doubole 的浮点数转换为整型：

```
int i;
double d;
i = (int) d;  //或者i = int (d);
```

但对于类和类的指针这样的转换符就不适用。C++标准定义了 4 个新的转换符：'reinterpret_cast''static_cast''dynamic_cast''const_cast'，目的在于控制类之间的类型转换。

这 4 个运算符的使用方式如下：

```
reinterpret_cast<new_type>(expression)
dynamic_cast<new_type>(expression)
static_cast<new_type>(expression)
const_cast<new_type>(expression)
```

reinterpret_cast：转换一个指针为其他类型的指针。它也允许从一个指针转换为整数类型；反之亦然。

示例：

```
class A {};
class B {};
A * a = new A;
B * b = reinterpret_cast<B *>(a);
```

reinterpret_cast 就像传统的类型转换一样对待所有指针的类型转换。

static_cast：允许执行任意的隐式转换和相反转换，即使它是不允许隐式的。static_cast 允许子类类型的指针转换为父类类型的指针（这是一个有效的隐式转换），同时，也能够执行相反动作：转换父类为它的子类（这往往是不允许的）。

在这最后的例子中，被转换的父类没有被检查是否与目的类型相一致。

示例：

```
class Base {};
class Derived : public Base {};

Base * a   = new Base;
Derived * b = static_cast<Derived *>(a);
```

static_cast 除了操作类型指针，也能用于执行类型定义的显式的转换，以及基础类型之间的标准转换。例如：

```
double d = 3.14159265;
int   i = static_cast<int>(d);
```

dynamic_cast：只用于对象的指针和引用。当用于多态类型时，它允许任意的隐式类型转换以及相反过程。不过，与 static_cast 不同，在后一种情况里（即隐式转换的相反过程），dynamic_cast 会检查操作是否有效，即它会检查转换是否会返回一个被请求的有效的完整对象。

检测在运行时进行。如果被转换的指针不是一个被请求的有效完整的对象指针，返回值为 NULL。

```
class Base { virtual dummy() {} };
class Derived : public Base {};
Base * b1 = new Derived;
Base * b2 = new Base;
Derived * d1 = dynamic_cast<Derived * >(b1);        //成功
Derived * d2 = dynamic_cast<Derived * >(b2);        //失败：returns 'NULL'
```

const_cast：用于操纵传递对象的 const 属性，或者是设置或者是移除。例如：

```
class C {};
const C * a = new C;
C * b = const_cast<C * >(a);
```

其他 3 种操作符是不能修改一个对象的常量性的。

注意：'const_cast' 也能改变一个类型的 volatile qualifier。

8.3.6 计算类的大小专题

指出下列程序的输出结果，并说明原因。

```
# include <iostream>
using namespace std;

class A
{};
class B
{
virtual void f();
};
class C : public B
{
private:
  int num;
public:
  void g();
};


int main( void )
{
  cout << sizeof(A) << endl;
  cout << sizeof(B) << endl;
  cout << sizeof(C) << endl;
  return 0;
}
```

在 32 位系统上，输出结果为 1,4,8。

答：类 A 明明是空类，它的大小似乎应该为 0，为什么输出的结果为 1 呢？这是由于实例化的原因（空类同样可以被实例化），每个实例在内存中都有一个独一无二的地址，为了达到这个目的，编译器往往会给一个空类隐含地加一个字节，这样空类在实例化后在内存中得到了独一无二的地址，所以空类 A 的大小为 1。

类 B 里面有一个虚函数。由于虚函数的存在，有一个指向虚函数表的指针（v－pointer），在 32 位的系统中分配给指针的大小为 4 字节，所以最后得到 B 类的大小为 4。

类 C 继承自 B，自然也有一个指向虚函数表的指针，占用 4 字节。同时 C 有一个整型成员变量占用 4 字节。C 中的成员函数 g()并不占用 C 的内存，所以 C 总共占用 8 字节内存。

8.3.7　struct(结构体)和 class(类)专题

请说明 struct 和 class 的关系

答：在 C++中，这两者唯一的区别是：struct 的成员默认是公有的，而类的成员默认是私有的。struct 和 class 在其他方面的功能是相同的。

尽管没有什么区别，但是习惯上还是主要将 struct 当作数据结构来使用，而不会把它当作类来使用。

8.3.8　浅拷贝与深拷贝专题

浅拷贝与深拷贝的区别是什么？

答：浅拷贝与深拷贝都是对对象赋值的情景而言的。

所谓"浅拷贝"，指的是在对象复制时，只是对对象中的数据成员进行简单的赋值，默认拷贝构造函数执行的也是浅拷贝。大多情况下"浅拷贝"已经能很好地工作了，但是一旦对象存在了动态成员，那么浅拷贝就会出问题了。

在"深拷贝"的情况下，对于对象中动态成员，就不能仅仅简单地赋值了，而应该重新动态分配空间。

例如定义一个 String 类：

```cpp
class String
{
private:
    char * p;
public:
    String( const char * str);
    ~String();
    void Print();
};

String::String(const char * str)
{
    int length = strlen(str);
    p = new char[length+1];
    if (p! = NULL)
    {
        strcpy( p, str );
    }
}

String::~String()
{
    if(p) delete []p;
}
void String::Print()
{
    cout << p << endl;
}
```

此时,假设有两个 String 类的对象 a 和 b。a 通过构造函数初始化使得其成员 p 所指的内容为"hello",b 的内容为"world"。如果现将 a 直接赋值给 b,那么将调用默认的拷贝构造函数,也就是按值传递,即 b. p ＝ a. p。这将造成 3 个错误:

① b. p 中原持有的内存没有释放,造成内存泄漏。

② a. p 和 b. p 指向了同一块内存,a 或 b 任一方的改动都会影响另外一方。

③ 在 a 和 b 析构的时候,p 所指的内容被析构了两次,会造成程序的崩溃。

8.3.9　类的默认函数专题

① 一个空类 A 有哪些默认的函数,请写出。

class A{ };

答:编译器会生成 4 个默认的成员函数,分别是:

默认构造函数

A();

默认析构函数

～A();

默认拷贝构造函数

A(const A& other);

默认赋值函数

A& operator ＝ (const A& other);

② 已知一个字符串类的定义如下,请写出它的构造函数、拷贝构造函数、析构函数和赋值函数。

```
class String
{
  public:
    String( const char * str = "");
    String( const String& other );
    ～String();
    String& operator = ( const string& other );
  private:
    char * m_data;
};
```

答:这是一道经典的题目。重点考查的就是后面两个函数,注意实现深拷贝。

构造函数:

```
String :: String( const char * str )
{
  if( str == NULL )
  {
    m_data = new char[1];
    * m_data = '\0';
  }
  else
  {
    int length = strlen(str);
    m_data = new char[length + 1];
```

```
     strcpy( m_data, str );
   }
 }
```

析构函数：

```
String :: ~String()
{
  delete []data;
}
```

拷贝构造函数：

```
String :: String( const String& other)
{
  int length = strlen(other.m_data );
  m_data = new char[length + 1];
  strcpy( m_data, other.m_data );
}
```

赋值函数：

```
String& String:: operator = ( const String& other)
{
  if( this! = &other )          //检查自赋值
  {
    char * temp = new char[ strlen(other.m_data) + 1 ];
    strcpy(temp, other.m_data );
    delete []data;
    m_data = temp;
  }
  return * this;     //返回本对象的引用,惯用法,要记住
}
```

8.3.10 构造函数、析构函数与虚函数的关系专题

① 构造函数可以是虚函数吗？为什么？

答：绝对不可以。因为构造函数的作用是初始化对象，是对象创建时不可或缺的一环。而虚函数是动态调用的函数，由存在对象中虚函数表及其指针来动态决定。如果对象都没有创建好，哪来的虚函数表及指针呢？虚函数表及其指针必须在构造函数调用完成后才能创建，因为对象没有创建好，它是何种类型就无法确定，这样就无法建立对应的虚函数表，更不用提动态绑定了。

② 析构函数可以是虚函数吗？为什么？

答：可以是，也可以不是。

为了能够正确调用对象的析构函数，一般要求具有层次结构的顶级类中，将其析构函数为虚函数。因为在 delete 一个抽象类指针时，必须要通过虚函数才能找到真正的析构函数。

```
class Base
{
  public:
  Base(){}
virtual ~Base(){}
};

class Derived: public Base
```

```
{
public:
  Derived(){};
  ~Derived(){};
}

    void f()
{
  Base * pb;
  pb = new Derived;
  delete pb;
}
```

以上是正确的用法,会发生动态绑定,它会先调用 Derived 的析构函数,然后是 Base 的析构函数。

如果析构函数不加 virtual,delete pb 只会执行 Base 的析构函数,而不是真正的 Derived 析构函数。因为不是 virtual 函数,所以调用的函数依赖于指向静态类型,即 Base 的析构函数。显然,这样会有可能造成内存泄漏。

8.3.11　内存分配方式专题

描述内存分配方式以及它们的区别。

答:可以分为如下几种情况:

从静态存储区域分配。内存在程序编译的时候就已经分配好,这块内存在程序的整个运行期间都存在。例如全局变量,static 变量。

在栈上创建。在执行函数时,函数内局部变量的存储单元都可以在栈上创建,函数执行结束时这些存储单元被自动释放。栈内存分配运算内置于处理器的指令集。

从堆上分配,亦称动态内存分配。程序在运行的时候用 malloc 或 new 申请任意大小的内存,程序员自己设置在何时用 free 或 delete 释放内存。动态内存的生存期由程序员决定,使用非常灵活,但问题也最多。

8.3.12　extern "C" 专题

请说明 extern "C" 的作用。

答:extern "c" 在 C++ 中的作用是调用 C 编译器编译后的函数。

C++ 语言支持函数重载,但 C 语言不支持函数重载。一个函数被 C++ 编译器和 C 编译器分别编译后会生成不同的名字。假设某个函数的原型是 void Funtion(int x, int y),该函数被 C 编译器编译后的内部名字为_funtion,而被 C++ 编译器编译后的名字则类似于_funtion_int_int 这样。所以,C++ 中提供了 C 连接交换指定符号 extern "c" 来解决名字匹配问题。

第 9 章
编程学习方法与思想提示

9.1 高效学习的方法论

一般的人都有点速成的情结,很多喜欢武侠的人尤甚。武侠世界是一个充满速成学习的传奇故事的世界。往往一个本来手无缚鸡之力的人,不小心掉落到悬崖后,见到一位很老的世外高人,便开始了速成教学之旅。短时间内,此人便内力深厚、身手非凡。笔者小时候颇着迷于此种学习模式,总是幻想有一日自己突然飞跃成天才,当然最好不是通过掉到悬崖下的方式。

对于技术学习而言,速成的人似乎并非高手。畸变技术的积累并非一朝一夕可就,语法、库函数、类库、类库与解决方案等太多东西需要学。这个过程是漫长而又艰苦的。

然而速成的方法确实有它的好处,就是提高初学者兴趣,从而能够更快地迈进相应知识的大门。现在的世界不缺知识,而是缺乏对知识必要的兴趣。

如果方法得当,更加快速地让初学者入门,体会编程的乐趣,不是很好吗?何必自己学得叫苦连连,如苦行僧一般,如图 9-1。

图 9-1 应该让我们的学习变得更轻松有趣一点

问题是到底如何快速学习呢?

凡是一种知识体系或技能,总有其核心的那么几点,其次是重要性稍差的内容,接着是更次要的内容。如果对于一种知识或技能的学习,能够清晰地把握住一个层次分明的主次内容图,就算是掌握住了快速学习的路径。但很可惜,一般的教材或图书怎会这样写呢?它们都是按照内容结构,按部就班地来写的,讲求的是内容和结构的完整性。笔者一直在思考和研究改革与创新学习的过程,目前的成果主要有以下两点。

(1) 整体论

在学习过程中把握一个主题来贯彻始终,将所有的知识点有机地串联起来。对于编程的学习,可以把"信息"这一概念始终作为学习的核心主线。因为编制程序无非就是对于"信息"的处理,包括信息采集、信息传输、信息处理、信息存储、信息展现。以后读者在 C++的后续学习,甚至是 Java 等其他语言的学习过程中,请把握住这一主线,就可以更加有的放矢地学习,效率会大大提高,而不会淹没在茫茫书海、代码海洋之中。将这五大环节研究透,就会成为万中无一的高手。

（2）重点层次论

把握住整个知识架构的核心主题、次核心主题、一般重点主题、周边主题等,构建出一个重点的层次图。重要性依次递减,重要性高的概念先掌握,要优先记忆;重要性低的概念后掌握,可优先遗忘,如图 9-2 所示。

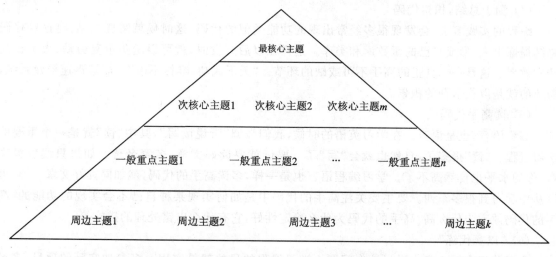

图 9-2　快速学习的重要利器——重要性层次图($m<n<k$)

9.2　编程学习路上的建议

编程,归根到底是一门技能,因此关于技能学习的方法都适用于编程学习。但与驾驶、烹饪等技能不同的是,编程需要更多的脑力活动,是一项有关知识与智力的技能,因此需要付出更多的汗水。

真正想学习好编程的人们,都是渴望踏踏实实地获得一门技术,通过实在的劳动来获得自己想要的资源。这样的初衷是非常值得尊重和鼓励的。但同时,必须认识到,学习过程中会遇到不少困难。为了避免读者朋友在自己的实践中走过多的弯路,笔者根据自己的经验给出一些建议,希望能为读者朋友的进步尽一点绵薄之力。

（1）及早认定主攻方向,不要轻易更改

编程的细分方向很多,如网站开发、游戏开发、驱动开发、工控开发……不胜枚举,虽然编程思想是共通的,但是技术内容与细节则差别非常大。如果你认定了一个主攻方向,就要一直钻下去。软件开发是认深度不认广度的,只有钻得深才能成为真正有身价的高手。

（2）动手实践更重于理论学习

编程是技能,并不是理论。开发者的任务是熟练应用一门编程语言迅速高效地开发出稳定、流畅的系统,而不是成为语言学家。所以,只有通过大量、重复的实践,才能逐步培养出编程的"感觉"。即使是看书学习的过程,也要动手把代码认真地输入到计算机中进行测试、分析。

（3）遇到问题先自己试着努力解决，不行再问别人

程序是最公正的，它可不讲一点人情，来不得一点错误。麻烦的是，程序是复杂的，里面牵扯很多逻辑，你的脑子稍一走神可能就会出现编程错误。因此，在编程过程中，遇到各种各样的问题是再寻常不过的事情。有些人的第一反应，就是马上去寻"高手"解决，甚至"跪求"高手来帮忙。这样的做法其实对自己成为高手是不利的。解决问题的过程其实是最好的学习体验，如果错过了，自己不仅会养成依赖性，而且连分析问题的能力也会逐步降低，这对于学习任何东西都是不利的。分析问题、解决问题的能力是一个通用能力，对人的发展起到极其关键的作用。当然，自己实在解决不了，也不能就此放弃，必要时也要向高手请教。

（4）勤于总结，积累代码

编程的实践多了，会发现很多经常出现的功能类似的代码，这时候就需要总结，将这些代码总结提炼出来，形成自己的函数库和类库。这样在以后开发时，就可以避免重复劳动，大大提高开发效率。这是一个真正的高手不可或缺的环节。"天下武功，唯快不破"。能够迅速构建系统，需要的就是以往辛勤的积累。

（5）读高手代码

编程语言，也是语言。在学习英语的时候，我们强调"听说读写"，其中"读"就是一个重要的学习过程。"读"得多了，自然也就会"写"了。要读就要读好文章，名家名著。如果只读垃圾文章，你的水平也自然高不了。学习编程语言也是一样，多读高手的代码，就如同读好文章一样，可以从中学习到很多东西。要主要关注高手的代码中是如何实现某种自己不会实现的功能的；高手的代码效率为什么高；高手的代码为什么稳定性好，它有什么出错处理的措施等。

（6）"以赛代练"

本书曾经在第3章中讲过这个问题。学习编程的目的就是实用。多参加实际的项目，多经历风雨，就什么都知道了。曾经的风雨胜过一切言语。

要说的建议还有很多，但千言万语总结成一句话：熟能生巧！

附赠诗一首予亲爱的读者朋友：

> 苦战猛攻埋头干，
> 熟练生出百巧来；
> 勤能补拙是良训，
> 一分辛苦一分才。

第 **10** 章

IT 行业分类与著名 IT 企业

10.1　IT 行业分类

这一章是面向未来的一章。大部分人学习编程的目的是为能有一份好的工作、好的收入、好的职业生涯。

我们的"江湖"是 IT 产业，那里是学习软件开发人们的栖身之所、用武之地。在练习武艺的过程中，也要多多少少了解一下未来需要闯荡的江湖。

IT 行业是一个极其巨大的产业，要进行明确的分类是很困难的。相关的协会或其他研究组织都会给出不同的分类方式。本书并不是着眼于产业研究的产业调研报告，面面俱到是不可能的，难免挂一漏万。在这里，尽可能根据就业的方向，给出 IT 行业的一个大致分类如下：

（1）互联网公司

当今时代已经进入互联网时代，随着智能移动终端的普及，移动互联网的蓬勃发展，使互联网产业呈现井喷之势。因此，互联网公司成为时下最为火热的求职目的地。一方面，互联网公司蓬勃发展，是朝阳行业，垄断少，创业机会多；另一方面互联网公司给真正的技术人才提供了非常丰厚的待遇。例如，谷歌、百度提供的高薪酬、高福利使很多其他 IT 领域公司的员工非常羡慕。当然，这类公司的进入门槛也非常高，需要非常好的编程基本功和算法能力。

（2）软件公司

微软公司是最典型的软件公司，或者说，软件公司长什么样儿，看看微软公司就大概能够了解了。软件公司是生产软件并提供相关服务的公司。软件公司同其他生产制造企业没有本质区别，只不过软件公司生产的产品不是食品、化妆品，而是软件。软件这种产品的最大特点是边际成本为零，一旦开发出来，就可以用近乎为零的成本无限复制。这造就了软件企业的高利润。所以能成为一个大型软件公司的开发人员，待遇往往是比较好的。

（3）IT 服务公司

IBM 公司是最典型的 IT 服务公司。有些人的第一反应可能是：啊？IBM 不是硬件公司吗？蓝色巨人早已经转型了，它是目前世界上最大的 IT 服务公司了，其 IT 服务中最重要的业务就是 IT 咨询。当然，IT 服务的范围实在太广了，目前比较大的一个领域就是 IT 服务外包。印度的 IT 业就建立在 IT 服务外包的基础上。近年来，中国的 IT 服务业也迅速发展，如神州数码等就是国内有实力的 IT 服务商。

（4）金融等重要行业所属的 IT 部门

现代 IT 与金融是紧密互动的关系。金融的力量助推 IT 企业融资，同时 IT 技术也使得金融机构的效率大大增加。很多有实力的金融企业都建立了自己的 IT 部门为其服务。大的国有或商业银行，知名投行，大的保险公司都在努力建设自己的 IT 部门。这些 IT 部门的针对性比较强，就是为自身的金融业务服务，因此更体现出了专业性。如果对金融有兴趣，可以考虑到这些 IT 部门去一试身手。

（5）硬件公司

现代 IT,软件、硬件的关系更加密切,有时候到了界限模糊的程度。有时候可将软件直接固化为集成电路,从而加速算法;有时候直接将软件烧制固化到硬件里。硬件公司往往需要软件开发人员,典型的如驱动开发人员。由于需要对硬件有所了解,因此需要懂得更多底层知识。在这些场合,优秀的 C/C++ 程序员是非常难得的。

10.2　著名 IT 公司

（1）谷歌公司（google）

谷歌公司由斯坦福两位博士生佩奇和布林创立,是全球最大的互联网公司,以其搜索引擎闻名于世。由于与斯坦福大学的天然基因以及依傍硅谷的地理优势,谷歌一直以强大的创新实力而引领 IT 科技界。同时由于对于人才的重视,其对技术人员的重视及优越待遇也一直吸引着各路人才。谷歌另一个世人皆知的产品是其安卓操作系统,这款移动设备的操作系统在当今智能手机市场拥有着最大份额,与苹果的 IOS 系统分庭抗礼。

（2）微软公司

不夸张地说,微软公司是全世界上最著名的 IT 公司。试问有几个人不知道 Windows 操作系统和 Office 办公软件的。其创始人比尔·盖茨一直是无数 IT 人膜拜的偶像。在软件时代,微软公司是毫无争议的巨无霸。在互联网和移动时代,微软公司受到谷歌和苹果公司的强力挑战。其 Bing 搜索引擎和 Windows Phone 移动操作系统都在缓慢前行着。目前已经换帅的微软公司,在新时代的强力挑战下,不知能否做出更大的创新。

（3）英特尔公司

英特尔公司是全球最大的 CPU 和个人计算机零件制造商,它成立于 1968 年,具有 46 年产品创新和市场领导的历史。由于在芯片市场绝对的领导地位,英特尔公司具有稳定的利润并获得资本市场的认可。

（4）苹果公司

苹果公司由史蒂夫·乔布斯、斯蒂夫·沃兹尼亚克和罗·韦恩 3 人于 1976 年 4 月 1 日创立,并命名为美国苹果电脑公司。2007 年 1 月 9 日更名为苹果公司,总部位于加利福尼亚州的库比蒂诺。苹果公司原本是以生产计算机及操作系统起家而闻名,后来由于商业失误在该市场被微软公司打败。由于传奇创始人乔布斯的艺术家气质及商业才能,使得苹果公司逐步演化为一家时尚电子消费产品供应商。在移动时代,苹果强势回归,市值一度超过微软和谷歌之和。

（5）IBM 公司

IBM 的威名在所有的 IT 公司中,永远首屈一指。不仅因为它成立早,而且蓝色巨人为世界计算机发展所做的贡献无可比肩。

IBM 公司早期以生产高性能的服务器、大型计算机而闻名。后来 IBM 业务逐步转型,向着软件和 IT 服务等具有更高价值的领域发展,成为世界最大的 IT 服务商。

（6）甲骨文公司

甲骨文公司是全球最大的企业级软件公司,是仅次于微软公司的第二大软件公司。以其声名卓著的数据库产品而闻名。值得一提的是,2009 年甲骨文公司收购了 Sun 公司,使得 Java 成为甲骨文公司的产品。学习 Java 的小朋友们,需要知道 Java 是这家公司的产品哦。

（7）SAP 公司

SAP 是一家成立于 1972 年的德国公司，总部位于德国沃尔多夫市。同甲骨文公司一样，是最著名的企业化管理软件供应商之一，全球第三大独立软件供应商。

（8）思科公司

思科公司是公认的全球网络互联解决方案的领导厂商，其提供的解决方案是世界各地成千上万的公司、大学、企业和政府部门建立互联网的基础，用户遍及电信、金融、服务、零售等行业以及政府部门和教育机构等。在互联网时代，思科作为网络的基础架设者，具有非常好的盈利空间。思科也与斯坦福大学有亲缘关系，它的创始人是斯坦福大学的一对教师夫妇，计算机系的计算机中心主任莱昂纳德·波萨克和商学院的计算机中心主任桑蒂·勒纳。

（9）华为公司

华为公司，可以说是"中国的思科"，其总部位于广东深圳。在全球领域，华为公司正在不断向老大哥发起挑战。在中国的民营公司中，华为公司是少有的进入世界 500 强的企业。

（10）Adobe 公司

Adobe 公司是一家世界著名的多媒体软件供应商。Adobe 公司的客户包括很多的知识工作者、创意人士和设计者。其著名的软件都是与图形图像制作、多媒体制作等有关的，如 Photoshop、Illustrator、Flash 等。

（11）亚马逊公司

亚马逊公司是一家总部位于美国西雅图的电子商务公司，业务起于线上书店，目前是全球最大的线上零售商之一。需要指出的是，亚马逊公司具有出色的 IT 实力，其云计算技术领先全球。从 2002 年起，亚马逊开始为客户提供云计算机与数据服务。

（12）Facebook

Facebook 是一家世界著名的社交媒体网站。其创始人马克·扎克伯格也是一位来自哈佛大学的辍学者，正因为如此，马克常被冠以"盖茨第二"的头衔。Facebook 从创立以来就一直受到追捧，发展异常迅猛，逐步成为美国仅次于谷歌的第二大网站。这也反映了社交网站的巨大实力和发展前景，人们对互联网的使用已经从单纯的工具发展到了生活必需品。

（13）阿里巴巴

阿里巴巴是全球著名的电子商务公司，由传奇人物马云创办。2014 年 9 月，阿里上市，得到资本市场的热烈追捧。马云也成为备受追捧的创业偶像。

（14）腾　讯

腾讯是中国最大的综合互联网服务商，由马化腾创办，由即时通讯软件 QQ 起家并闻名，后在即时通讯、门户、游戏、社交等领域全面开花，成为中国服务用户最广的互联网企业。在移动互联网时代，腾讯推出了重磅产品——微信，在中国又一次产生了巨大的影响力。

（15）百　度

百度是全球最大的中文搜索引擎，由北大才子李彦宏创办，是中国最大的互联网企业之一。百度同阿里巴巴、腾讯合称"BAT"（由 Baidu，Tecent，Alibaba 的首字母简写），它们是中国互联网企业的"三驾马车"。

尾 声

是结束，亦是开始

亲爱的读者朋友们，本书陪您的学习之旅就到这里。但愿通过本书的学习您已获得了自己想要的知识。笔者期望本书能够对您的软件开发与学习有所帮助。如果在您回望自己的编程语言学习时，能够想起这本书，将是笔者的最大快乐。

书有结束，路无尽头。拿起这本书的读者朋友，一定都是渴望能够让自己懂得与计算机交流的语言的，从而在自己的事业中多一项本事。学习编程语言归根到底不是难事，但是真正获得创造软件的能力却非易事，因为其需要学习太多的东西。这中间充满了枯燥、困惑，有时候只有咬牙坚持才能最终有所收获，但到了收获的时节，一切苦都将会变成快乐。

无论做一名科学家，还是工程师，认准自己的方向，不断积累，最后都会取得或大或小的成功。

愿您取得人生的成功！

C++高考专业报考专家系统完整源代码

```cpp
# include <iostream>
# include <cmath>
# include <cstring>

using namespace std;

# define  Yes         1
# define  No 0
# define  unknown    -1

//事实库
char * strFacts[] =
{
"number", "reason", "image", "DIY",  "com",
"control","news"  , "paint", "space","travel",
"word",   "think" , "math",  "physics","computer",
"architecture","mechanics","management","finance","language",
"politics","philosophy"
};

//前提,以 ID号表示,由于系统中的前提最多只有 3个,所以每个前提数组的长度为 4,最后一个 0
//是前提结尾标识
int ruleP[][4] =
{
{1,2,0,0},{1,3,0,0},{1,4,0,0},{-5,6,0,0},{5,6,0,0},
{4,7,0,0},{8,9,0,0},{8,10,0,0},{4,9,0,0},{-1,3,4,0},
{5,11,0,0},{3,11,0,0},{2,-5,11,0},{1,7,0,0},{7,12,0,0}
};


//结论,以 ID号表示
int ruleC[] =
{
   13, 14, 15, 15, 18,
   18, 16, 16, 17, 17,
   20, 20, 22, 19, 21
};
//事实类
class Fact
{
private:
int  ID;
char name[21];
int  active;
```

```
 int  status;
public:
Fact * next;
Fact( int _ID, char * _name ) //构造事实
{
ID = _ID;
strcpy( name, _name );
active = 0;              //默认状态是不激活
status = unknown;        //yes, no, unknown 共 3 种,默认是 unknown
next = NULL;
}

//设置事实的具体状态,yes,no,unknown,共 3 种
void SetActive( const int _active, const int _status)
{
    active = _active;
    status = _status;
}
char * GetName()
{
char * c = new char[21];
strcpy( c, name);
return c;
}
int GetID(){ return ID ;}
int GetActive(){ return active; }
int GetStatus(){ return status; }

};


Fact * fact;                      //指向事实库的全局指针

//前提类
class PreconditionList
{
private:
int ID;
public:
PreconditionList * next;
PreconditionList( int _ID )
{
    ID = _ID;
    next = NULL;
}
int GetID(){ return ID; }
};

//规则类
class Rule
{
private:
  int ID;
```

```cpp
  char * name;
  PreconditionList * PreList;
  int   conclusionID;
public:
  Rule * next;
  Rule( char * _name, int _pre[], int _conclusionID);
  ~Rule();
  int Query();
  char  GetName() { cout << name ; }
};

Rule::Rule( char * _name, int _pre[], int _conclusionID )
{
  PreList = NULL;
  next = NULL;
  name = new char[strlen(_name) +1 ];
  strcpy( name, _name );

  int i = 0; PreconditionList * L = NULL;
while( _pre[i] ! = 0)//构造前提链表,0代表前提结束标记
  {
//_pre[i]是前提 ID
L = new PreconditionList( _pre[i]);
L-> next = PreList;
PreList = L;
i++;
  }
  conclusionID = _conclusionID;
}


Rule::~Rule()
{
  PreconditionList * L;
  while ( PreList )          //清除前提
  {
L = PreList-> next;
delete PreList;
PreList = L;
  }
  delete name;              //clear the name of the rule
}

int Rule::Query()
{
  Fact * F;   F = fact;
  PreconditionList * L;   L = PreList;
if( L == NULL) cout << "\n 规则为空,出错了";

while( L! = NULL )
{
while(1)
{
```

```
        if ( abs(L-> GetID()) == F-> GetID()) break;
        F = F-> next;
}
//在事实库中检索,如果是确定正确的事实,直接跳过用户查询
if (L-> GetID()>0)
{
    if(F-> GetStatus()==1){ L = L-> next; continue;}
    if(F-> GetStatus()==0){ return 0 ;}
}
else
{
    if(F-> GetStatus()==1){ return 0 ;} //前提正确进入下一个前提的判断
    if(F-> GetStatus()==0){ L = L-> next; continue; }
}

    //如果在事实库中的状态是不确定,则需要询问用户
    cout << endl << F-> GetName() << "(Y/N)";
    char c = getchar();
    flushall();
    if( c == 'Y' || c == 'y')
    {
    if( L-> GetID()>0)
    {
    F-> SetActive(1,1);
    }
    else
    {
        F-> SetActive(0,0);
return 0;
    }
    }
    else
    {
    if(L-> GetID()>0)
    {
                F-> SetActive(0,0);
        return 0;          //事实为假,整条规则不成立,返回 0
    }
    else
    {
    F-> SetActive(1,1);
    }
    }
    L = L-> next;
}

F = fact;
while(1)
{
if( conclusionID == F-> GetID()) break;
F = F-> next;
}
```

```cpp
if(F)
{
        cout << "推荐的专业是： " << F-> GetName();
    return 1;   //the rule is matched
}
return 0;
}

int main( void )
{
   int result = 0;
   fact = NULL; Fact * F ;
    Rule * rule, * R;
   char ch[8];
rule = NULL;

int i = 0;
for( i = 0; i <= sizeof(strFacts)/sizeof(int) - 1; i + + )
{
F = new Fact( i + 1,strFacts[i]);
F-> next = fact;
fact = F;
}

//前提名称
ch[0] = 'R'; ch[1] = 'U'; ch[2] = 'L'; ch[3] = 'E';
ch[4] = '_'; ch[5] = 'a'; ch[6] = '\0';

rule = NULL;
for ( i = 0; i<15; i + + )
{
R = new Rule(ch, ruleP[i], ruleC[i] );
R-> next = rule;
rule = R;
ch[5] + + ;
}
R = rule;

while(1)
{
result = R-> Query();
if( result == 1 ) break;
if( result == 0)  R = R-> next;
if( ! R ) break;
}
if(! R) cout << endl << "I don't know.";
return 0;
}
```

程序运行结果为：

```
think(Y/N)y

news(Y/N)n

word(Y/N)n

DIY(Y/N)y

image(Y/N)y

number(Y/N)n
推荐的专业是: mechanics
```

参考文献

[1] Lippman S B. 深度探索 C++对象模型[M].北京:电子工业出版社,2012.

[2] Lippman S B. C++ Primer[M].5 版.北京:电子工业出版社,2013.

[3] Eckel B. C++编程思想(上册)[M].北京:机械工业出版社,2011.

[4] Meyers S. More Effective C++:35 个改善编程与设计的有效方法[M].侯捷,译.北京:电子工业出版社,2011.

[5] Meyers S. Effective C++:改善程序与设计的 55 个具体做法[M].3 版.侯捷,译.北京:电子工业出版社,2011.

[6] 钱能.C++程序设计教程[M].2 版.北京:清华大学出版社,2005.

[7] 吴文虎,徐明星.程序设计基础[M].3 版.北京:清华大学出版社,2010.

[8] 张耀仁.C++程序设计[M].北京:中国铁道出版社,2006.

[9] 林锐,韩永泉.高质量程序设计指南[M].3 版.北京:电子工业出版社,2008.

[10] 陈良银,游洪跃,李旭伟.C 语言程序设计(C99 版)[M].北京:清华大学出版社,2006.

[11] 陈刚.C++高级进阶教程[M].武汉:武汉大学出版社,2008.

[12] 程慧霞,等.用 C++建造专家系统[M].北京:电子工业出版社,1996.

[13] 谭浩强.C++程序设计[M].2 版[M].北京:清华大学出版社,2011.

[14] 管皓,高永丽.别样诠释——一个 Visual C++老鸟 10 年学习与开发心得[M].北京:北京航空航天大学出版社,2012.